# 眠れなくなるほどキモい生き物

文 大谷智通
絵 猫将軍

## 第一章　行動を操る

## 第二章　ヒトに棲む

第三章　おぞましい生き様




装幀　大森裕二

# はじめに

カマキリを操って入水自殺させる。
アリを高いところに登らせて頭からキノコを生やす。
ネズミを天敵であるはずのネコに近づける。
カエルの脚の数を増やしたり減らしたりする。
カニを去勢して自分の子どもの世話をさせる。
海で大発生してアサリの体液を吸い尽くす。
人間の脳を溶かしてあっという間に殺してしまう。

自然界はいかにもおそろしく気持ちの悪い寄生生物に満ちあふれている。

寄生というのは、ある生物がほかの生物（宿主（しゅくしゅ））の体の表面にとりついて、あるいは体内にもぐり込んで、栄養を横取りして生きることをいう。

普段、それを意識することがない私たちには特殊な生活様式のように思えるが、実は自然界において寄生はごくありふれている。寄生生物は至るところにいるのだが、たいてい宿主の体内に潜んでいて、私たちが目にすることが少ないというだけのことだ。

およそすべての生物がなんらかの寄生生物の宿主となっている。それどころか、一種の生物にはふつう何種もの寄生生物が宿っており、寄生生物に寄生する生物すらいる。実のところ、地球上に存在する約八七〇〇万種の生物のうちの大半は寄生生物なのだ。

そして、寄生生物は単純に種類が多いというだけでなく、その姿かたちやライフサイクル（生活環）は私たちの想像をはるかに超えて多彩だ。科学者を含め、私たち人間はあらゆる寄生生物について、そのすべてを把握できているとはとてもいえない。

本書は、そんな多様な寄生生物のなかから、「キモい」という言葉を幅広く捉えて、思わず目を背けたくなるようなグロテスクな姿をしたもの、私たちヒトにとりつくもの、吐き気をもよおす邪悪な戦略をとるもの、宿主に大きな害を与える行儀の悪いものなどに的を絞ってとりあげた。

多くの人は、これらの寄生生物に対して最初はごく普遍的な恐怖や嫌悪を抱くだろう。しかし、私が本書を書いたのは、あなたを怖がらせたり気持ち悪がらせたりして、寄生生物を敬遠させるためではない。むしろその逆だ。

本書で私は、寄生生物に魅せられた作家として、各章におそろしくて気持ちの悪い寄生生物たちの逸話を用意し、彼らの生態やライフサイクルについて現時点でわかっていること（真理を探究し続ける科学者たちの情熱には頭が下がる思いである。ここに記して感謝の意を表したい）を書いた。

それは、寄生生物というなんだかよくわからない真っ暗な深淵に、ほんの少しの光を当てるだけのことであるが、この暗闇に一歩踏み込むことさえできれば、あなたはその先に広がっている「生命のワンダー」をきっと感じとるはずだ。


私たちが恐怖と嫌悪を感じるグロテスクな姿かたち、奇っ怪な栄養摂取方法、邪悪な繁殖戦略こそ、数億年の星霜を経た自然選択の果てにようやく獲得されたものだ。それはありえないほど複雑で、精緻で、多様で——地球に登場してたかだか二〇万年ほどの現生人類の知など、はるかに及ばない寄生生物たちに「畏怖」すら感じる。


本書を読み進めていけば、あなたは寄生生物たちに慣れていく。

慣れが生じれば、恐怖を客観的に見つめることができるようになり、嫌悪が正当なものかどうか考えられるようになる。ネガティブな感情は薄れていく。きっと寄生生物たちに好奇心を抱き、気にせずにはいられなくなるだろう。

ひとたび寄生すれば、ほぼ確実に人間を殺すような正真正銘、怖い寄生生物も取り上げているが——安心してほしい。書籍で彼らと接するぶんには死にはしない。正直にいえば、私自身、寄生生物のおそろしくグロテスクな側面に好奇心を刺激され、魅せられてきたし、きっとあなたもそうなると思う。

猫将軍さんが寄生生物たちのグロテスクな姿や残酷なシーンを唯一無二の美に昇華してくれた。これほどの「寄生生物アート」を私は知らない。本文中に挿し込まれた美麗なイラストは、実物よりもずっと激しくあなたのイマジネーションを刺激してくれるはずだ。

本書で綴られているできごとのほとんどは、現実に起こったとおりのものであるが、なかには現実に起こったいくつかのできごとを混ぜ合わせて創作した話もある。また、本書の上では生物を人間になぞらえた擬人的表現や詩的表現が跳梁している。

寄生生物の恐怖と嫌悪の物語をより面白くするために、これらに頼ったことをご容赦いただきたい。

本書が恐怖と興味の両方を刺激して、あなたに背筋がぞくぞくするようなスリルと知的興奮を届けられたなら、私の仕事はうまくいったといえる。

そして、本書を読み終えたとき、あなたが、当初、寄生生物に感じていた恐怖や嫌悪が、寄生生物に対する興味や愛する気持ちに変わっていると、著者としてはうれしい。

二〇二一年七月　大谷智通

## 寄生生物とは――基本的なはなし

自然界には約八七〇万種類もの生物が生息している。

そして、自然界の至るところで、生物同士は食ったり食われたり、棲む場所や食料をめぐって争ったり、一方が他方を利用したり、あるいはお互いに助け合ったりと、さまざまな関係性をもっている。

そんな関係性のなかで、別種の生物同士がともに生活することを広い意味で「共生」といい、大きく三つのタイプに分かれている。

「相利共生」は、お互いに利益を与え合う関係だ。アリはアブラムシがお尻から排せつする甘露をもらい、アブラムシはその見返りとしてアリにテントウムシなどの天敵から守ってもらう。

「片利共生」は、片方はその関係から利益を得ているが、他方には利益がなく、害を被ってもいないという関係である。コバンザメはジンベイザメの腹に吸いつき食事のおこぼれをもらうが、そのことによってジンベイザメには利益も不利益もない。

そして、片方のみが利益を得て、他方には害があるという関係――それが本書で取り上げる「寄生」だ。

「寄生」は、ある生物が、生涯あるいは一時期、ほかの生物の体表や体内にとりつき、栄養を横取りして生きる関係性である。寄生をする生物のことを「寄生生物」、それによって害を受ける生物を「宿主（しゅくしゅ）」という。

### ✵基本的な言葉その一——寄生生物（parasite）

生涯あるいは一時期、ほかの生物の体表や体内にとりついて栄養をせしめる生物。宿主の体表面への寄生を「外部寄生」、体内への寄生を「内部寄生」という。寄生生物の体の一部が宿主の体表面に、一部が体内にあるものもいる。

「寄生蟲」という言葉もよく使われるが、これは人類、獣類、鳥類、魚介類以外の小動物を蟲（略字として「虫」が使われる）と総称するためだ。

### ✵基本的な言葉その二——宿主（host）

寄生生物に寄生され、害を受ける生物。寄生生物には生涯に一つの宿主に寄生する種と、二つ以上の宿主を渡り歩く種がいる。

幼体と成体とで宿主が異なる場合、幼体の宿主を「中間宿主」、成体の宿主を「終宿主」という。

中間宿主が複数ある場合、前期の発育を行う宿主を「第一中間宿主」、後期の発育を行う宿主を「第二中間宿主」という。また、それらとは別に、中間宿主から終宿主への効率的な橋渡しの役割を担う宿主を「待機宿主」という。

通常、互いの関係がより高度に進化するほど寄生生物の宿主は限定されていき、それに伴って害も小さくなる傾向がある。

寄生生物は宿主なしでは生きていけない。栄養を奪うなどして宿主に害を与えるが、致命的な害を与えるような生き方は自らの命も危うくするため、ふつう寄生生物は宿主を殺さない。

しかしなかには、宿主に大きな害を与えたり、殺してしまったりした方がその生物にとって有利であり、そのように進化した寄生生物もいる。

また、お互いにつき合いが浅く、宿主が寄生生物を抑え込むことができずに致死的となることもある。

本書で多くとりあげているのは、その類いの寄生生物である。

# 第一章
# 行動を操る

# 死の〝酔泳〟へと導くハリガネムシ

*Chordodes japonensis*

とある夏の夕刻、ほろ酔い気分で歩く水辺。
夕日にきらめく水面をしばし見つめていた彼は、
酔い醒ましにひと泳ぎしようかな、とでもいうように
ぽちゃんと飛び込んだきり、帰ってくることはなかった。

特に年の瀬が近づくと、忘年会からの帰りだろうか、千鳥足で歩く酔客をしばしば見かけるようになる。アルコールが大脳新皮質や大脳辺縁系を冒し、小脳にまで達しているのだ。大脳新皮質は理性を、大脳辺縁系は本能と感情を、小脳は平衡感覚を司る重要部位である。

そんな状態で電車に乗ろうとして、駅のホームから線路へ転げ落ちてしまう人が後を絶たない。そして、そこに間が悪く電車が入っ

| 学　名 | *Chordodes japonensis* |
| --- | --- |
| 日本語名 | ニホンザラハリガネムシ |
| 分　類 | 線形虫類 |
| 大きさ | 10〜40cm |
| 宿　主 | ハラビロカマキリなど |
| 分　布 | 日本 |

てきて、ひかれて亡くなってしまう人も。

鉄道会社によれば、転落事故の約六割はこのような酔客によるものだという。転落する酔客の多くは、ホームの中心から線路に向かって歩いた際、端にさしかかっているにもかかわらず躊躇（ちゅうちょ）なく虚空に足を踏み出してしまうのだそうだ。

自然界にいるカマキリが、一見これと似たような行動をとることがある。

カマキリはまるで酔っぱらいのようにあちこちを歩き回り、川に近づいてなんら躊躇（ためら）うことなく水面へと脚を踏み出して、その中へと転げ落ちる。そして、そのまま溺（おぼ）れ死んだり、それを見つけた幸運な魚にパクリと食べられたりする。

もちろん、彼らはアルコールで酩酊（めいてい）しているわけではないが、その脳はある種の神経伝達物質のカクテルに冒されている。このカクテルをつくったものこそ、ハリガネムシという寄生虫である。

ハリガネムシは、線形動物から進化して分岐した類線形動物に属する生き物だ。成虫は長さ数十センチ、直径数ミリほどの細長い糸状の体をしており、体の表面がクチクラという硬い膜におおわれている。体節はなく、ミミズなどのように伸び縮みはしないが、グネグネとよく動く。その見た目がまるで「針金」のようだというのが名前の由来である。

現在までに世界で三二六種、日本で一四種が見つかっているが、種によって、カマキリやカマドウマ、コオロギ、キリギリスといった特定の昆虫を宿主とする。宿主の体内では体表から栄養を吸収して成長する。寄生しているのは幼虫で、成熟すると宿主からニュルニュルと脱出して、水中で自由生活を送るようになる。

私たちが比較的目にしやすい寄生虫で、秋口に道路上で車にひきつぶされたカマキリの傍(かたわ)らで、宿主と共倒れになったハリガネムシを見たことがある人もいるだろう。

故郷に河川などがある自然豊かな環境で育った人なら、子どものころに川や沼などの水辺でおぞましい光景を目撃したことがあるかもしれない。カマキリのお尻と思しきところから、のたうちまわるようにして長い長い針金のようなものが飛び出してくる光景である。それは

**✷線形動物・類線形動物**
前後に細長い円筒状で体節構造を持たない動物。線形動物の既知種は二万八〇〇〇種だが、実際は一〇〇万種を超えるとされている。線形動物と類線形動物は形態や生態が似ており、姉妹群を形成する。

**✷カマドウマ**
バッタ目カマドウマ科に分類される昆虫。日本語では「竈馬」と書くこともあり、「便所コオロギ」の俗称でも知られる。

**✷特定の昆虫を宿主とする**
ハリガネムシは種ごとに宿主が決まっている。本来の宿主でない生き物の体内では、幼虫は成長することなく死んでしまう。

ちょっとしたホラー体験であり、子どもにトラウマを植えつけるには十分すぎるほどの迫力があったはずだ。

興味深いのは、このハリガネムシという寄生虫が宿主の行動を操るということだ。

ハリガネムシに寄生されたカマキリはむやみやたらと歩き回るようになり、そのうち、きらきらと光を反射する水面を見ると、ろくに泳げもしないくせに水の中へ入っていったり、飛び込んだりしてしまう。傍目（はため）にはカマキリが世を儚（はかな）んで入水自殺したかに見えるこの行為は、その体内に寄生しているハリガネムシによってそう仕向けられたものだ。

科学者が成熟したハリガネムシの寄生している宿主の脳を調べたところ、行動量や場所認識、視覚に関わるいくつかの神経伝達物質が、異常に発現していたという。そのなかには、ハリガネムシが大量に生産しているものも含まれているそうだ。

ハリガネムシに寄生されたカマキリは、水面の反射光に多く含まれる光の成分に反応していることが報告されている。つまり、この寄生虫はカマキリの脳に作用する神経伝達物質によって、彼らを活発に動きまわらせながら、水面の光を好むように仕向け、太陽や月の光を反射して輝く水面に身を投じさせていることになる。

同じことはカマドウマに寄生する種でも行われている。また、コオロギに寄生する種では、コオロギを操って鳴かなくさせるという。宿主のエネルギー浪費を防ぐと同時に、鳴き音で捕食者に見つかって一緒に食べられてしまわないようにしているのだろう。

ただの針金のような見た目をした生物が、別の生物の行動をここまで複雑に操っているということに驚かされる。

ハリガネムシがなぜわざわざ手間暇かけてカマキリの神経伝達物質をつくり、その行動を操って入水させているかというと、水中に脱出してパートナーとめぐり逢い、交尾をするためだ。

なかには、小さな水たまりでうっかり宿主から飛び出してしまうハリガネムシもいるが、そのような粗忽(そこつ)者は水たまりが乾けば干からびて死に、まさに「針金」と成り果ててしまう。宿主にひどい仕打ちをし

**✹交尾**
ハリガネムシは、水中で雄雌が出会うと巻きつき合い、雄は二叉になった先端の内側にある孔から精子の詰まった嚢を出し、雌も先端を開いてこれを吸い込んで受精させる。その後、雌は糸くずのような卵塊を大量に産む。

ているようにも思えるが、ハリガネムシにとってもこの脱出はやり直しのきかない命がけの一大イベントなのである。

脱出の多くは夏から秋にかけて行われ、水中で出会った雄と雌は絡み合って交尾をし、越冬後、翌年の五月から六月にかけて水中の石などに卵を産みつけて死ぬ。

一～二か月で卵からふ化した幼虫は、ユスリカやアカイエカ、フタバカゲロウといった川の中の小さな有機物を食べている水生昆虫に取り込まれてその体内に侵入。腸管を破って腹部へと移動し、身体を折りたたんでシストという硬い殻でおおわれた状態になって休眠する。

シストを体内にもった水生昆虫が羽化して陸上へと移動した後、カマキリなどに捕食されたり、死骸がカマドウマに食べられたりすると、ハリガネムシはその生き物の体内で休眠から目覚めて寄生生活を始めるのだ。

ある研究によれば、その地域のヤマメやイワナといった渓流魚が得ているエネルギー源の約六〇パーセントが、ハリガネムシに操られて水に落ちたカマドウマによるものだったという。

**✷幼虫**
ハリガネムシの幼虫は、先端部分に出し入れできるギザギザの突起を持ち、それを使って腸管を破って移動する。

**✷シスト**
幼生が厚い殻を形成し、その中で休眠している状態。ハリガネムシのシストはマイナス三〇度でも死なないほど、環境変化に強い。

栄養豊富なカマドウマがたくさん川に飛び込んでくれば、渓流魚が普段食べていた水生昆虫は見逃されやすくなり、それらは、翌年に生まれるハリガネムシの幼虫の乗り物となる。

つまり、ハリガネムシが宿主を入水させるのは次世代によりよい環境を残すためでもあり、そのためにこの寄生生物は宿主のみならず生態系をも操作しているということになる。

ハリガネムシがいったいどこまで考えてこのような複雑なことをしているのかはわからない。おそらく何も考えていないだろう。

これは、生物が気の遠くなるような時間をかけて行ったトライ・アンド・エラーの果てに偶然たどりついた、進化の妙といえる。

# ゾンビアリの〝デス・グリップ〟
# タイワンアリタケ

*Ophiocordyceps unilateralis*

太陽が頭の真上にさしかかるころ、
夢遊病者のようにふらふらと歩きまわっていた彼女は、
目の前にある太い管を思い切り噛みしめた。
そのまましばらくは痙攣（けいれん）していたが、やがて動きを止め、
そして彼女は管に噛みついたまま日が落ちるころに絶命した。
しばしの時が経ち、彼女の骸に充満していたものが、
外へと溢（あふ）れ出てきた。「それ」は彼女の頭部から
自らの生殖器官を大きく伸ばし始めた――。

地面を這いずったり空を飛んでいたりしたはずの虫が草片（くさびら）（茸とも書く、古語でキノコのこと）に変わり果てることがある。
古代中国の人は、その不思議な生き物を「虫草（むしくさ）」と呼んだ。

| 学　名 | *Ophiocordyceps unilateralis* |
|---|---|
| 日本語名 | タイワンアリタケ |
| 分　類 | 子嚢菌類 |
| 大きさ | ～15mm程度（子実体） |
| 宿　主 | ダイクアリ |
| 分　布 | 世界各地の熱帯・温帯林 |

その正体は、生きた昆虫（クモやダニも含む）に寄生して数日から長い時には数年もかけてその体を蝕み、あげく殺して虫の体外にキノコ（大型の子実体）をつくる昆虫寄生菌類である。

有名なのは、チベット高原に生息するコウモリガ科のガ幼虫に寄生する種コルディセプス・シネンシス、和名トウチュウカソウだ。冬には土の中で蠢いていたガの幼虫が夏には草片になることから、「冬虫夏草」と呼ばれ、さまざまな薬効をもつ秘薬として漢方や薬膳料理で珍重されてきた。

本来、「冬虫夏草」といえばこのコルディセプス・シネンシスのことを指す。昆虫にキノコを発生させる菌類は世界で約五八〇種、温暖で多湿な気候の日本ではそのうちの約三〇〇種が発見されていて、冬虫夏草菌または虫草菌と総称される。

ある種の冬虫夏草菌は特定の昆虫にしか寄生しない。つまり、寄生生物として宿主特異性が高いのだが、冬虫夏草菌がどのようにして宿主を識別しているのかはよくわかっていない。

いずれにしても、キノコのつとめは第一に胞子をまき散らして繁殖することだ。それを最大の効率で行うために、宿主の行動を操るもの

**✵子実体**
菌類の胞子が形成される部分が集合して塊状となったもの。

**✵菌類**
カビ・キノコ・酵母などを含む真核生物の一群。原則として多細胞生物で、葉緑体を持たない。

**✵冬虫夏草**
好事家の間では宿主とキノコが繋がっていてこそ美しいとされ、採集時に切ってしまうことを「ギロチン」と呼び、忌むべき行為とされている。

**✵宿主特異性**
かぎられた宿主にしか寄生しないときに「宿主特異性が高い」といい、宿主の幅が広いときには「宿主特異性が低い」という。

すらいる。

科学者に「ゾンビアリ菌」と呼ばれるタイワンアリタケも、そのような冬虫夏草菌の一種である。

この菌が宿主とするのは、ダイクアリという熱帯雨林に生息するアリだ。ダイクアリは普段は林冠、つまりは樹木の上層部分にいるが、林冠の隙間を越えるために時々は林床にも降りてくる。このとき運が悪ければ、そこにタイワンアリタケの胞子が降り注ぐエリアが設置されていて、アリは胞子を浴びてしまう。

体表に付着した胞子が発芽して、酵素でアリの外骨格を穿(うが)ったとき、アリの命運は尽きたといえるだろう。アリの体内で菌糸体がどんどん増殖していき、頭の中では脳を囲むようになる。

菌が十分に増殖すると、アリは林冠にある巣から離れて酔っぱらいのように歩きまわるようになる。

時折痙攣(けいれん)しては林床に落下し、そしてまたふらふらと歩きまわるが、やがて背の低い草に登り、最終的に地面から二五センチほどの高さにある葉の裏へとたどりつく。

**✹胞子**
菌類や植物にみられる生殖細胞。風や波、ほかの生物の活動などによって散布され、適当な環境条件になると単独で発芽し、新個体となる。

**✹菌糸**
菌類の本体で、その集合体を菌糸体と呼ぶ。担子菌類と子嚢菌類では円筒形の細胞が連なって糸状を呈している。

そして太陽が最も高い位置にくる正午ごろ、アリは葉裏の主葉脈に大アゴで嚙みつき、そのままの体勢で夜までに息絶える。

この異様な死に様は「デス・グリップ」と呼ばれ、これによってアリの体は死してなお葉裏にしっかりと固定される。その後、アリの骸からは大量の菌糸が出てきて、葉により強く張りつく。やがてアリの頭部や頸部から体の倍ほどの大きさのキノコが生えてきて、あたりに胞子を振りまくのだ。次の犠牲者を求めて。

ふらふらとした方向感のない歩行、繰り返される痙攣、そして死ぬ直前の嚙みつき——正常なアリとは大きく異なるその行動は、映画やゲームに登場する「ゾンビ」のそれにほかならず、これこそタイワンアリタケが「ゾンビアリ菌」と呼ばれるゆえんである。

アリの異常な行動は、菌によって引き起こされたものだ。菌は自らが成長と繁殖を効率的に行うために、哀れなアリをゾンビに仕立てたのである。

菌が宿主のアリを林冠の巣から離すのは、巣の中で殺してしまっては、病原体のまん延を警戒した仲間に死体をすぐに遠ざけられてしまい、キノコの発生と胞子の散布に十分な時間がとれないからだ。

また、死に場所として地表から二五センチほどの高さにある葉の裏側を選ばせるのは、そこが林冠よりも涼しくて湿気った環境であり、菌がキノコを発生させて胞子をばらまくのにうってつけだからである。

菌がアリにトドメを刺す場所は極めて限定的で、そこには以前に操られて死んだアリの死体が数多く残されており、さながら「アリの墓場」といった様相であるという。

アリタケは宿主の体内を菌糸で満たしていくが、アリが死ぬときまで脳そのものには手をつけない。墓場まで宿主を自らの足で歩かせるために、ギリギリのタイミングまでその神経系が必要だからだ。

つまり、アリは全身を菌糸に冒されながらも、その脳は最期まで機能しているのだ。菌がデス・グリップまで見届けると、ようやくアリは殺してもらえる。

このときアリの大アゴの筋肉のまわりには菌糸が広がり、筋繊維が不自然に強く収縮しているという。そのため、大アゴはアリの死後も開くことはない。なんという念の入れようだろうか。

デス・グリップが正午ごろに起こるのは、菌がアリの死体から外界に出てくるタイミングを日が落ちたころにするためだろうとされている。

菌にしてみれば、日の光がなく、より涼しく、より湿度の高い夜の方が外界に出るには都合がいい。外に出た菌糸はアリの体を補強し、キノコを生やす土台としてより安定させる。

アリの脳への指令は、おそらく複数の化学物質を介して行われているのだろう。科学者によっていくつかの化学物質の候補が推測されているが、アリタケがどのようにして宿主を死すべき墓場へ導いているのか、どのようにして葉の噛みつくべき部位を選ばせているのか、どのようにして死の時刻を把握しているのか、その実際の仕組みはさっぱりわかっていない。

菌には脳がない。思考能力も、意思も、意識もない。そのはずである。

そんなものが、ほかの生物の脳に働きかけ、これほどまで具体的に行動を操るなどという話はにわかには信じがたい。

しかし、いま地球上に存在しているすべての生物は、一つの共通祖先となる生物から同じだけの時間をかけて進化してきているのだ。

そう考えれば、アリタケがその遺伝子の中に、宿主を操るためのプログラムを持っていても不思議ではないのかもしれない。

# 死をもたらす危険な情事
# トキソプラズマ

*Toxoplasma gondii*

私の大好物が笑みを浮かべながら近づいてくる。
食われるであろうことを知っているのか、いないのか。
恐怖心をどこかに置き忘れてきたのか。
それとも死を望んでいるのか。
だが、私には関係ない。腹が満たされればそれでいい。

小さくて丸い顔、正面を向いた大きな眼、触り心地のいい背中、キュートな肉球、気まぐれで妙に気をもたせるしぐさ、新生児の声にも似た甘い鳴き声、焼きたてのパンのような匂い……。多くの人がネコに愛情を抱き、その一挙一動から幸せを感じるのは、彼らが人を魅了する数々の特徴を備えた生き物だからだろう。

人間をうまくたぶらかし――貯蔵した穀物をネズミから守ること

**✹ネコ**
私達の身のまわりにいるネコは、アフリカ北部から中東、西アジアにかけて生息するリビアヤマネコを祖先としている。

| 学　名 | *Toxoplasma gondii* |
|---|---|
| 日本語名 | トキソプラズマ原虫 |
| 分　類 | アピコンプレクサ類 |
| 大きさ | 長径5〜7μm、短径3μmの三日月型 |
| 宿　主 | 中間宿主:ほ乳類、鳥類などほぼ全ての温血動物<br>終宿主:ネコ科動物 |
| 分　布 | 世界各地 |

も期待されたのかもしれないが――その寵愛と保護を受けることで、ネコという生物は勢力を広げた。

人間によってあちらこちらに連れていかれ、その土地土地で野良化もし、非常に高い繁殖力も相まって、今や地上のあらゆる場所におそるべき数のネコが生息している。

そして、そのネコの体内に潜むことで、ある寄生虫もまた、この地球上で栄華を誇っている。

トキソプラズマ原虫は、長径五～七マイクロメートル、短径三マイクロメートルほどのバナナのような形をした真核単細胞生物だ。

ヒトを含むほぼ全てのほ乳類と鳥類に寄生するが、ネコ科動物に行き着いたときのみ有性生殖をして遺伝子を組み換えた次世代をつくる。つまり、ネコ科動物が終宿主、それ以外の温血動物が中間宿主だ。

ネコの腸に寄生したトキソプラズマは、それがそのネコにとって初めての感染であれば有性生殖を行い、数週にわたって「オーシスト」という次世代の原虫の卵のようなものを、ネコの糞にまぎれ込ませて外界へとまき散らす。オーシストは耐久力が高く、外界に出た後も数

**✵勢力を広げた**
飼われている個体だけで、アメリカに約六〇〇〇万匹、日本にも約一〇〇〇万匹ものネコがいるとされている。その数はなおも増加中。

**✵原虫**
原生生物のうち、主に寄生性のものに使われる便宜的な名称。原生生物とは、真核生物のうち多細胞動物、菌類、陸上植物以外の生物の総称。

**✵真核単細胞生物**
全生活史を通じて一つの細胞で生きる生物を単細胞生物と呼び、そのうち細胞内に生命活動の設計図であるDNAを含む核をはじめとする多様な細胞小器官を持

か月から長くて一年もの間、感染能力を維持している。
オーシストが混じった土や水、餌などが口に入ることで、あらゆる陸のほ乳類、鳥類がトキソプラズマに寄生される。ネコの糞はいつだって川から海へと流れているので、海に棲むアザラシやラッコ、シロイルカやマナティなども寄生される。また、ネコの糞からだけでなく、トキソプラズマに寄生された宿主が別の動物に食べられた場合も、その動物に寄生する。

この尋常ではない宿主範囲の広さと、終宿主であるネコが世界中でしている大量の糞のシナジーにより、トキソプラズマはあまねく地球上に存在し、寄生生物として最大級の成功を収めるに至った。
トキソプラズマと同じ原虫の仲間に悪名高いマラリア原虫がいるが、人類への寄生率では圧倒的にトキソプラズマに軍配が上がる。全人類のおよそ三分の一、数十億人がトキソプラズマに寄生されているのだ。ブラジルやインドネシアでは人口の約七割、フランスで約四割、衛生管理が行き届いている日本でも約一割の人の体内に潜んでいる。
ヒトはトキソプラズマに寄生されても、健康体であれば目立った症

つ生物。

✷**有性生殖**
生殖法の一形式で、雌雄の生殖細胞によって新個体が形成される。通常、両性の生殖細胞の受精による両性生殖をさす。

✷**オーシスト**
原虫の生活環における状態のひとつ。生殖細胞の接合の結果できた細胞が被膜などにおおわれた状態。環境変化への耐性が高く、休止状態にあるが、宿主に取り込まれると増殖を始める。

✷**マラリア**
代表的な熱帯病の一種で、ハマダラカによって媒介される原虫感染症。高温多湿な地域で多く見られ、アフリカ大陸のサハラ以南の国々で顕著にまん延。

状は出ないことが多い。しかし、エイズ感染などで免疫力が低下していると、寄生虫の増殖を抑え込めず、致命的な脳脊髄炎やリンパ節炎などを起こすことがある。

また、妊娠初期の女性が初めてトキソプラズマに寄生されると、トキソプラズマが胎盤をとおって胎児にも寄生し、流産、死産、早産、または眼や脳に異常をもった赤ちゃんが産まれることがある。

こうした不幸を回避するためには、トキソプラズマに感染して数週間以内のネコとのふれあいは我慢し、庭の土いじりを控え、生水を飲んではいけない。生野菜や果物は食べる前にていねいに洗うべきだし、どのような肉であってもしっかりと火を通さなくてはいけない。それらに接した調理器具の洗浄も忘れてはならない。

トキソプラズマは中間宿主の体内で無性的な二分裂によって増殖し、細胞を次々に破壊していくが、そのうち宿主の免疫に攻撃され始めると、数千匹の虫が塊になって硬い殻の中で守りを固める。

この状態を「組織シスト」といい、組織シストには免疫の攻撃が届かず、薬剤も効かない。つまり、トキソプラズマはひとたび寄生すると、終生にわたって宿主の体組織に居座り続けることができる。

宿主が別の動物に食べられると、組織シストから出てきた寄生虫が新しい宿主の体内で増え、再びシストをつくるということを繰り返す。

その間、トキソプラズマは、いつか終宿主であるネコの体に移動する日をただ座して待っているかといえば……そうではない。この寄生虫は、自らの繁栄について貪欲で、相応の努力もしている。終宿主への移動をただ成り行きに任せるのではなく、宿主の行動を操ることで積極的にその機会を増やしているのだ。

生態系のなかで捕食者の地位にあるネコは、小さなほ乳類であるネズミに一方的に死をもたらす存在だ。ネズミたちは本能でそのことを知っている——はずなのだが、トキソプラズマに寄生されたネズミは、ネコに対する恐怖心が薄れ、あろうことかその尿の臭いに惹かれてネコに近づくようになるという。

実験室のネズミがネコの尿へ誘引される様は、まるで大胆な求愛行動のようでもあったから、科学者たちに「ネコとの危険な情事」と呼ばれた。だが、ネズミがその脳で何を考えていたとしても、ネコはネズミと情など交わすことはなく、腹を満たすために、または単なる楽しみで、その体を無慈悲にバラバラにするだろう。それでもネズミがネコに誘引されてしまうのは、トキソプラズマがネズミの脳に作用するなんらかの神経伝達物質をつくるからかもしれないし、寄生が宿主の体に与えたダメージがネズミの行動を変えるのかもしれない。ほかに複数の要因が作用している可能性もある。

いずれにしても、ネズミを操ってネコに食われるように仕向けたトキソプラズマは、終宿主の体内へと移動し、有性生殖ができる確率が高くなる。

そして、げっ歯類の行動を操る寄生虫なら、同じほ乳類である霊長類、つまり、私たちの行動すら操るかもしれない——そう考える科学者たちによって、疫学的な調査が行われている。

彼らによって、トキソプラズマはヒトを自殺や他殺に駆り立てる、自動車事故に遭いやすくしている、統合失調症など数々の病気を引き起こしている、といった断片的な報告がなされているが、その因果関係には賛否両論があり、今のところは仮説の域にとどまっている。

たしかに、たかが単細胞生物が、複雑で高度に進化したヒトの脳に

**✷げっ歯類**
げっ歯目に属する動物の総称。鉤爪を有する小型ほ乳類で、物をかじるのに適した歯と顎を特徴とする。ネズミのほか、ビーバー、リス、レミング、ヤマアラシなど。

なんらかの影響を与えるなどという話はにわかには信じがたい。
しかし、不穏な状況証拠は着々と積み上がっている。

そういえば、ネコ科の動物は、私たちヒトの祖先にとっても天敵であったはずだ。まだ脆弱（ぜいじゃく）だったころの人類は、大型ネコ科動物たちによって散々狩られてきた。本能にもとづくヘビへの恐怖心と同様、ネコ科動物へのプリミティブな恐怖心が私たちの遺伝子に刻まれていてもおかしくはない。

それなのに、私たちの多くが、身のまわりにいるネコを愛らしく思い、目の前にネコが現れればつい近づいて触りたくなってしまうのは、どういうわけか。たとえサイズは小さくても、イエネコだってそのときの機嫌によって、鋭いキバと爪で私たちの体を傷つけるではないか。

私たちはもしや、「体内に潜むものたち」によって、ネコに対する快情動を生じさせられているのではないのか。行動を操作され、ネコに近づいて食べられるように仕向けられた、哀れなネズミたちのように。いや、まさか、しかし――。

**✺ヘビへの恐怖心**
ヘビやクモを怖がるのは、人間が進化の過程で身につけた防衛反応だとする報告がある。クモやヘビのいない地域の人や、そもそもその存在を知らない幼児さえも恐怖を抱くとされている。

# リベイロイア

## 異形は後の災いの兆し

*Ribeiroia ondatrae*

悪魔に憑かれし者たちは異形となる。
いくら身悶えようとも、逃れることはできない。
彼らの自由を奪うのは「蟲」だが、
それを遣わした真の悪魔は別のところにいる。

| 学　名 | *Ribeiroia ondatrae* |
|---|---|
| 日本語名 | リベイロイア |
| 分　類 | 吸虫類 |
| 大きさ | セルカリア（有尾幼虫）0.8mm 成虫1.6〜3mm |
| 宿　主 | 第一中間宿主:淡水産巻貝<br>第二中間宿主:両生類<br>終宿主:鳥類 |
| 分　布 | 北アメリカ |

一九九〇年代の中ごろ、北アメリカ大陸の各地で異様な姿かたちをもったカエルやサンショウウオが次々と見つかり、騒ぎになった。それらは、後肢が欠損していたり、逆にグロテスクにねじ曲がった後肢が何本も生えていたり、その先にある指の数が多かったりした。

そのような形成異常が認められる両生類は、すでに二〇〇〇年以上前からしばしば報告されている。遺伝子の損傷や突然変異などにより、集団のなかに数パーセントの割合で形成異常が生じるのは、ごく自然なことだ。

しかし、この騒動を受けて各地で行われた調査では、異変の〝ホットスポット〟が複数見つかった。それらの場所では、生息する両生類に重度の四肢の形成異常が不自然な頻度で生じていた。個体群の半数以上がそうであることさえあった。明らかな異常事態であり、しかも、その発生頻度は年々、増えてきているようでもあった。

古い信仰が幅を利かせていた中世の人々であったなら、「カエルの肉体に悪魔が取り憑いた」と考えたかもしれない。地獄の法則に従って創造のみわざにダメージを与えたのだと。これから無数のおそろしい出来事や災害が起こるだろうと。

事実、カエルの肉体にはとりついていた。

ただしそれは、悪魔などという超自然的なものではない。れっきとした自然界の生物で、名をリベイロイアという。非常に複雑なライフサイクルを持つ吸虫である。

✹**吸虫**
扁形動物門吸虫綱に属する寄生虫の総称。楯吸虫類と二生吸虫類に分けられる。二生吸虫類の多くが、口吸盤と腹吸盤という二つの吸盤をもつ。

彼らの一生は水中から始まる。水の中で卵から発生したリベイロイアの幼虫たちは、まず淡水産の巻貝に寄生する。幼虫は巻貝の体内に入ると無性生殖によって増殖し、やがて遊泳能力を得ると外界へと泳ぎ出るようになる。その増殖速度はすさまじく、一匹の巻貝から日に数百、数千もの幼虫が泳ぎ出るのだ。

彼らの一部はオタマジャクシなどの両生類にたどりついてその体内にもぐり込む。二番目の宿主である。そして、硬い殻でおおわれた「シスト」という状態になって休眠する。

シストを抱えた両生類がサギなどの水鳥に捕食されると、この吸虫は最終の宿主である鳥の体にようやく到達する、というわけだ。鳥の腸内で成虫となったリベイロイアが、そこで出会った別の個体と有性生殖を行って産卵すると、卵は鳥の糞とともに水中へと排せつされる。そのとき鳥は、別の水場に移動しているかもしれない。かくして、この吸虫は生息域を拡大させ、次世代のサイクルを回し始める。

リベイロイアの幼虫が二番目の宿主である両生類、たとえばオタマジャクシに寄生するとき、どうやってその部位を認識しているのかは

**✹巻貝に寄生**
リベイロイアに寄生された巻貝は自らの子孫を残す能力を失い、死ぬまでリベイロイアの幼虫を大量生産するためのマシーンと化す。

**✹無性生殖**
細胞の融合によって新たな個体を生みだす「有性生殖」に対し、体細胞分裂を基本として新しい個体を生み出す生殖方法の総称。発生した新個体は親と同じ遺伝情報を持つクローンとなる。

不明だ。しかし、将来、後肢になる部位に好んでとりつくという。そして、カエルに形成異常を引き起こすのだ。

実験によって、発生中の肢芽（しが）に小さなビーズ状の小片を埋め込まれたオタマジャクシは、肢に形成異常を生じることがわかっている。同じように、寄生によって物理的に肢の正常な発生が妨げられるのだろう。もしくは、寄生虫がなんらかの化学物質を放出しているか、それらの組み合わせということも考えられるが、いずれにしても寄生を受けたオタマジャクシは、後肢が余分に生えたり、あるいは四肢を欠いたりしたカエルになってしまう。形成異常の程度はとりついた幼虫の数が多ければ多いほど重くなる。

**✷肢芽**
脊椎動物の受精卵が分裂を繰り返して形成した球状の細胞のかたまり（胚葉）の状態のときに、突起として現れる、後に四肢の原基となる部分のこと。

自然の形からひどく変形した肢では、当然、動きにくい。形成異常を起こしたカエルが天敵である水鳥に発見されれば、容易に捕食されてしまう。これは、鳥の体内を最終目的地とするリベイロイアにとって好都合だ。

考えてみれば、水中から空まで三つの宿主を乗り継ぎながら移動するなど、並大抵のことではない。いくら巻貝の体内で大量のクローンをつくろうとも、乗り継ぎのたびに多くの幼虫は宿主にたどりつけずに力尽きてしまうことだろう。

この大仕事を少しでも高い確率で成功させるために、リベイロイアの「第二中間宿主の四肢に形成異常を生じさせる」という形質は獲得された。もちろん、そこには意思など介在していないだろうが、進化の試行錯誤の果てにそのような複雑な形質を獲得した種が、結果として繁栄している。

逆に大迷惑を被(こうむ)っているのは、寄生虫に乗り捨てられる両生類だ。うまく動けない形成異常のカエルたちは、鳥類やほ乳類といった天敵にいいように捕殺されてしまう。そもそも餌すらろくにとれないかもしれない。

卵に殻を持たず、皮ふは薄く、生きるのに陸と水の両方の環境が必要な両生類は、環境の変化に非常に弱く、炭鉱のカナリアになぞらえて「環境のカナリア」などと呼ばれる。現在、世界に六五〇〇種ほど確認されている両生類の三分の一は絶滅の危機にひんしているとされている。もとより環境破壊によって急速に数を減らしているところに、

**✹クローン**
遺伝的に同一である個体や細胞のこと。無性生殖では有性生殖と異なり、同一遺伝子が受け継がれるため、すべて同じ遺伝子を持つクローンとなる。

形成異常を生じさせる寄生虫までもが加わる。このままでは個体群がごっそりと消えてしまいかねず、実際、すでにいくつかのカエル類の個体群は消失してしまった。

自分たちの繁栄のためにほかの生物の肉体を変形させ、それを以て別の生物につつがなく食させる。寄生虫は決して悪魔ではないが、カエルたちにしてみればそれはまさに悪魔的な所業だろう。

ただし、教会の神父がいつも説教でいうように悪魔がやってくるのには常に理由がある。

この寄生虫はおそらく古代から存在していて、形成異常のカエルを生み出し続けてきたはずだ。しかし、そのようなカエルが大量に見つかるようになったのは、比較的最近のことである。

彼らにとっての宿主であるカエルの個体群を消失させてしまうと、彼ら自身も共倒れになる。寄生虫は宿主なしでは生きられないからだ。本来なら、寄生虫にカエルの個体群を消失させるほどの影響力はなかったはずであり、寄生虫の脅威をにわかに上昇させている要因がある。

それこそ、人間による自然環境の破壊だ。

農耕地が切り拓かれ、水域に大量の化学肥料や家畜の餌が流れ込むようになれば、水は富栄養化してプランクトンが異常増殖する。それを餌にする巻貝もより大きく成長し、数を増やす。それはすなわち、リベイロイアの幼虫の数も増えることを意味する。また、池が農薬や除草剤といった有毒物質で汚染されれば、そこに棲むオタマジャクシの免疫力は低下して寄生虫により感染しやすくなるだろう。

生物多様性の喪失も寄生虫の増殖を後押ししている。池の中にトンボのヤゴやカイエビ、カダヤシなどがいれば、リベイロイアの幼虫を捕食して数を減らしてくれるだろう。

アメリカのカリフォルニア州沿岸部などに生息するカリフォルニアイモリの幼生はオタマジャクシと同じようにリベイロイアの第二中間宿主となるが、この生き物も寄生虫の勢力を抑え込んでくれる。なぜならこのイモリはフグと同じテトロドトキシンという強力な毒をもち、あまつさえそのことをオレンジ色の目立つ腹の色で周囲に訴えていて、水鳥たちに敬遠される存在だからだ。水鳥に食べられることのないイモリの体はこの寄生虫にとって運命の袋小路のようなものだ。

**✹カリフォルニアイモリ**
イモリ科カリフォルニアイモリ属に分類される有尾類。全長一〇～二〇センチほど。皮ふからテトロドトキシンを分泌する。ペットとして日本でも愛好者がいる。

**✹テトロドトキシン**
フグの毒として有名だが、カリフォルニアイモリのほか、ツムギハゼ、ヒョウモンダコなどもテトロドトキシンをもっている。

このように、リベイロイアの宿主と同所的に生息する生き物が多いほど、寄生虫の影響力は薄められていく。かつてはその抑制が利いていて、寄生虫はカエルの個体群に深刻なダメージを与えるほどの脅威ではなかったのだろう。ところが、生物多様性が失われてしまった池、たとえば人工的につくられた貯水池や農業用のため池などでは、希釈効果は期待できない。

形成異常のカエルが発生した直接的な原因はリベイロイアという寄生虫だが、その背後では、環境の汚染、破壊、生物多様性の急速な喪失といった無数の災いが混じり合い、相互に作用している。これらの災いが、人間やほかの生物を脅かすことも十分にあり得るだろう。

すでに、アマゾンでは森林の破壊跡にできた水たまりがハマダラカの幼虫を増殖させ、カが媒介するマラリアをまん延させている。エイズやエボラ出血熱、ライム病といった新興感染症の病原体も同様で、人間が森林に分け入り、そこに棲んでいた動物たちを追ったことで、ヒトという新たな宿主を見出したとされている。

自然が封じ込め、生物多様性が希釈していた病気は、それらが破壊されると人間や動物たちの間でまん延し始める。

形成異常のカエルの大発生は、これから私たちの身に起こる公然とした災いの「兆し」なのかもしれない。

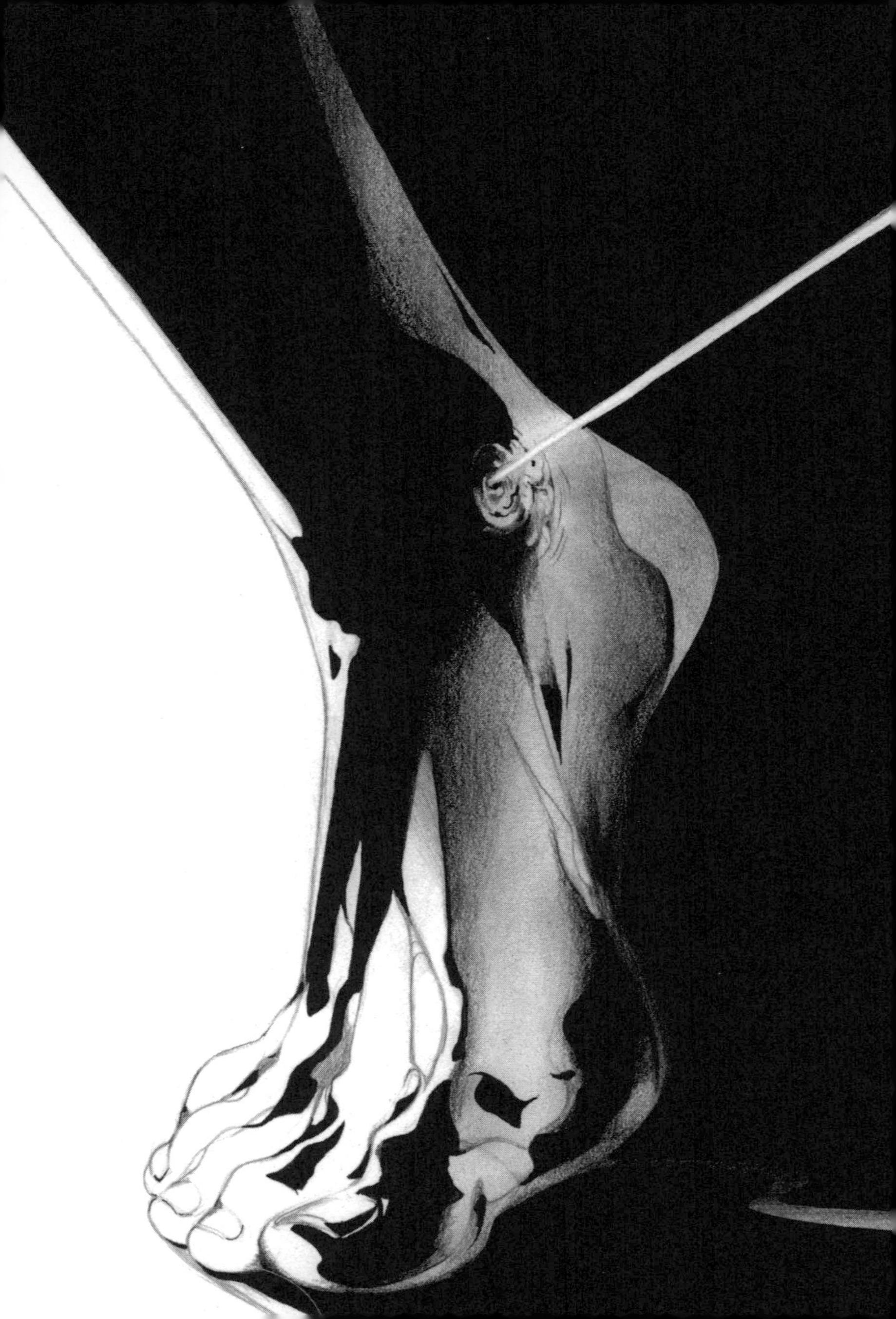

# 医神に滅ぼされようとしている メジナ虫（むし）

Dracunculus medinensis

ギリシア神話の伝承によれば、アポロンの息子アスクレピオスは、ケンタウロス族の賢者ケイロンに医術を授けられて名医となり、ついには死者まで蘇生させたという。彼はその不遜から最高神ゼウスの雷霆（らいてい）によって撃ち殺されたが、人々からは医術の神として崇拝されるようになった。そんなアスクレピオスは手に一匹のヘビが絡みついた杖を持っていた。

| 学　名 | *Dracunculus medinensis* |
| --- | --- |
| 日本語名 | メジナ虫（ギニアワーム） |
| 分　類 | 線虫類 |
| 大きさ | 雄成虫3～4cm 雌成虫約1m |
| 宿　主 | 中間宿主:ケンミジンコ<br>終宿主:ヒト |
| 分　布 | 西アフリカ |

〝アスクレピオスの杖〟は紀元前のギリシア・ローマ時代から医療の象徴とされ、現在に至るまであまたの医療団体でシンボルマークとして使われてきた。

たとえば、世界保健機関（ＷＨＯ）は、全人類が最高の健康水準

✷**ＷＨＯ**
本部はジュネーブにあり、二〇二一年七月現在の加盟国は一九四か国・地域である。日本は一九五一年に正式加盟している。

に到達することを目的として一九四八年に設立された国連の専門機関だが、そのシンボルマークにも中央にヘビが巻きついたアスクレピオスの杖が大きく描かれている。二〇一九年一一月に中国湖北省武漢市で発生し、その後、悲惨なパンデミックを引き起こした新型コロナウイルス感染症では、深刻化する事態を受けてWHO事務局長の会見が連日開かれた。彼がテレビに映る度、その憂うつな顔の後ろにこのシンボルマークを認めた人も多いだろう。

忌み嫌われがちなヘビという生き物が医療のシンボルとされているのは、脱皮を繰り返して成長するというその生態が、医療にまつわる治癒や再生のイメージに通じるからだといわれている。

そして、それとは別に、このヘビの巻きついた杖は、より直接的にある病への伝統的な対処法を表したものだという説がある。その説によれば、杖に巻きついているのはヘビではなく寄生虫だという。であればそれは、ヘビと見紛（みまが）うばかりの大きさの虫ということになる。どちらの説が正しいかは別として、そのような大きな寄生虫が存在することは事実だ。

**✵アスクレピオス**
伝承によると、アポロンとテッサリアの王フレギュアスの娘コロニスの間に生まれた。コロニスは妊娠していたにもかかわらず、別の人間の男と通じたため、怒ったアポロンは彼女を殺す。コロニスが火葬される直前、アポロンはその胎内から赤子を取り出してケンタウロスのケイロンにその養育を委託した。

その大型寄生虫はメジナ虫という。

ヒトに寄生する線虫で、古く紀元前からアフリカ、中近東、インドなどでは広く知られている。

メジナ虫にはラテン語で*Dracunculus medinensis*という学名がつけられている。属名*Dracunculus*は「小さな竜」を意味しており、実際、雄の成虫は体長三～四センチほどだが、雌は最大一二〇センチと細長く、学名が示すように小さな竜――つまりはヘビに見えなくもない。種小名の*medinensis*は中東の都市メジナに由来し、それがそのまま英名と和名に使われている。西アフリカにある共和国家ギニアにちなんで、「ギニアワーム」と呼ばれることもある。

メジナ虫の幼虫は貯水場や浅い井戸など水のよどんだ場所にいるケンミジンコの体内に潜み、人間がこのケンミジンコを含んだ水を飲むと、終宿主であるヒトへと侵入する。

ヒトの胃でケンミジンコが溶解すると、解き放たれた幼虫は小腸壁から腹腔へと抜けだし、そこで成虫になって雌雄が交尾をする。

交尾をすると雄は死んでしまうが、雌はその後も生き続け、寄生してから一年ほどで約一メートルにまで成長し、宿主の皮下組織をと

**✺ケンミジンコ**
橈脚（じょうきゃく）亜綱に属する甲殻類の総称。カイアシ類とも呼ばれる。湖沼と地下水および海洋のプランクトン。一般に体長一～三ミリ程度。日本語では「剣微塵子」と表記することも。

おって足先に移動してくる。そして、足先の皮ふに水ぶくれをつくり、それを突き破ってゆっくりと外に出てくるのだ。

このとき、感染者は患部から火が噴き出るような激しい熱と痛みを感じる。それはまるで、皮ふの下で「炎の蛇」がのたうつかのような苦痛であり、たまらず患部を水で冷やそうとするが――この行動こそ、メジナ虫の思うつぼだ。

宿主の足先が水に浸ると、温度差を感知した雌はすかさず数千〜数万という膨大な数の幼虫を水中へと放出する。水の中に放出された幼虫は、やがて中間宿主であるケンミジンコに食べられ、その体内で二回の脱皮を経てヒトへの感染能力をもつ。

かくして、再びヒトに飲まれるためのメジナ虫のカプセルができあがる。

水に浸しやすい足の末端の皮ふに移動すること、そこで焼けつくような痛みを与えることは、水中に卵を産まなくてはならないメジナ虫のしたたかな戦略なのだ。

この戦略が奏功し、メジナ虫は古代よりヒトとケンミジンコとをうまく行き来しながら繁栄してきた。

この寄生虫に有効な治療薬やワクチンはない。

対処法としては、虫が皮ふに出てきたところを棒に巻きつけながらゆっくりと引き抜くしかなく、この処置が古代から現代まで行われている。

虫が途中でちぎれると体内に残った虫体に沿って化膿し、蜂巣炎（ほうそうえん）などが起こるため、数日から数週間かけてゆっくりと巻き取らなければならない。

棒に巻き取られた細くて長いメジナ虫は、さながらヘビである。そう、古代から繰り返されてきたこの対処法こそが、医神アスクレピオスの持つ「ヘビの巻きついた杖」の起源とされているのだ。

メジナ虫は終宿主の命まではとらない。しかし、雌が皮ふを突き破る際の焼けつくような痛みはヒトの日常生活を妨げるには十分である。痛みは数か月にわたって続くこともあり、その間、患者は働くこともままならず、収入が減り、貧困におちいる。

砂漠地帯の共用の水場などで、近隣のコミュニティがまとめて寄生されることも多く、メジナ虫はこれまで地域経済に甚大な被害を与え

**＊蜂巣炎**
急性の化膿性炎症。急速に進行し、拍動性の疼痛を伴うほか、悪寒や震えを伴った高熱が出現。進行すると膿瘍を形成する。

続けてきた。

そして、彼らはやりすぎた。

メジナ虫は今や、人間によって滅ぼされようとしている。

一九八〇年代に入り、メジナ虫のまん延により深刻化する貧困問題を受けて、WHOや元アメリカ大統領のジミー・カーター氏が主宰するカーターセンター、アメリカ疾病予防管理センター（CDC）などが中心となって大規模なメジナ虫撲滅作戦を展開した。

たまり水はフィルターによるろ過・塩素消毒・煮沸などの処理をしてから飲むこと、ケンミジンコのわかないような深井戸を掘って維持すること、感染者を水源に近づけないこと、そして地元民への教育——。

これらの活動が功を奏し、一九八六年にはアジアとアフリカの二一か国に三五〇万人いたとされる感染者は、二〇〇七年には九か国で約九五〇〇人、二〇一六年にはチャド・南スーダン・エチオピアの三か国でわずか二五人にまで激減している。

もはや患者を見つけ出すこともむずかしく、この三〇年ほどの間にメジナ虫はヒトという宿主の体からほぼ駆逐されたといっていいだろ

✷CDC
アメリカ合衆国保健福祉省所管の総合研究所。Centers for Disease Control and Prevention の略。

う。わずかにイヌの体内で生き延びてはいるようだが、人類はすでにそのことを把握している。

WHOは熱帯地域の貧困層にまん延している寄生虫や細菌による感染症を「顧(かえり)みられない熱帯病(NTDs)」とし、人類が制圧するべき二〇の病気のうちの一つにメジナ虫病を挙げている。

もう間もなく、メジナ虫の命運は尽きる。そして、人類は、一九八〇年の天然痘に次いで二つ目の疾病の撲滅を成し遂げるのである。

ギリシア神話が成立した紀元前一五世紀よりさらにむかし、おそらく実在したアスクレピオスなる名医は、患者たちの足から出てきたメジナ虫を、手に持った棒に巻きつけて取り除いていたのだろう。

そして現代、彼のシンボルを掲げる人々によって、メジナ虫はこの地球上から完全に取り除かれようとしている。

**✵顧みられない熱帯病**
数億単位の患者がいるにもかかわらず、先進国ではほとんど患者がいないため関心が向けられず、対策や援助が行われなかった疾患で、WHOが「人類のなかで制圧しなければならない熱帯病」と定義している。英語では「Neglected Tropical Diseases」。全二〇疾患のうち一二疾患が寄生虫病である。

# 夜ごと繰り返されるえげつない行為

# 槍形吸虫（やりがたきゅうちゅう）

*Dicrocoelium dendriticum*

夜の冷気のなか、
彼女は独り登りつめた先でじっと動かなかった。
もうすぐおそろしいことが起きてしまう気がするの。
今は大丈夫だけれど。
夜のうちはまだ、大丈夫だけれど。
そしてそのまま、彼女は朝を迎えた。
怖い朝が来た。怖い怖い、朝が来た。
どうか、何も起こりませんように——。

草食動物が草を食（は）む牧草地で、夜な夜な草の上に登っては一晩じっとして、日が昇ると巣へと戻っていく——そんな奇妙な行動を繰り返すアリがいた。

| 学名 | *Dicrocoelium dendriticum* |
|---|---|
| 日本語名 | 槍形吸虫 |
| 分類 | 吸虫類 |
| 大きさ | 成虫5〜15mm |
| 宿主 | 第一中間宿主:カタツムリ 第二中間宿主:アリ 終宿主:草食動物をはじめとする大型ほ乳類 |
| 分布 | ヨーロッパ、北部アフリカ、北アジア、極東など |

危険行為を繰り返していたアリは、案の定、ある朝早く、食事にきたヒツジにその足場ごと食われてしまった。

まともなアリなら、夜になれば巣に帰るし、一所に必要以上に長くとどまりはしない。近くで大きな動物が草を食べ始めたなら素早く逃げるだろう。だから、この奇妙な現象は、希死念慮に駆られたアリが、何度目かの自殺未遂の末に、本懐を遂げたように見えた。

もし、アリの社会に警察があれば、司法解剖をしようにも死体はヒツジに食われて残っていないし、状況から「事件性なし。自殺か事故」との判断を下すことだろう。


しかし、真実はそうではない。

アリは自ら死を選んだのではなく、殺されたのだ。人目につかない場所に隠れ、巧みにアリを操る者がいたのだ。アリを望まない死へと導いたその真犯人こそ、アリの体内に潜んでいた槍形吸虫という寄生虫である。


槍形吸虫は、その名前のとおり槍の穂先のような形をした吸虫で、ヒツジやウシなどの草食動物の胆管に寄生している。この吸虫もほかの多くの吸虫と同じく複数の宿主を渡り歩き、カタツムリを第一中間宿主、アリを第二中間宿主、そして草食動物などの大型ほ乳類を終宿主としている。

ヒトも槍形吸虫の終宿主となり得るが、ヒトへの感染は比較的珍しい。感染アリを摂食する必要があるからだ。たとえば感染アリが入り込んだペットボトルの水を飲んだ……というような、かなり偶発的なケースにかぎられる。また、食通を気取ってシカなどの肝臓を十分に加熱せず食べれば、感染が起きることがあるかもしれない。

ヒツジやウシなどの体内で槍形吸虫の成虫が産んだ卵は、終宿主の糞に混じって外界へ放出される。ほどよく消化された繊維質を含む草食動物の糞はカタツムリにとってご馳走で、これを食べたカタツムリに卵が取り込まれる。

卵からふ化した幼虫はカタツムリの体内で発育を続け、無性生殖によっておびただしい数のクローン幼虫をつくる。そして、粘球という粘液のボールに包まれてカタツムリの呼吸孔から外界に出てくる。一

**✷カタツムリ**
陸に棲む巻貝の通称。世界に約二万種、日本には七〇〇～八〇〇種がいるといわれる。吸虫類をはじめとする多くの寄生虫の宿主となっている。貝殻が退化してなくなったものをナメクジと呼ぶ。

**✷シカなどの肝臓**
槍形吸虫（日本に生息するのは*D. chinensis*）は日本国内のシカやカモシカの胆管にも多数寄生する。ジビエ流行の昨今、シカの胆管に入ったばかりの幼虫を生きたまま食すと、再度胃液をくぐりヒトの胆管に入る可能性が指摘されている。

つに数百匹の幼虫が入ったこのボールをアリが見つけて巣に持ち帰り、食べ、幼虫たちはアリに寄生する。

問題はこの後だ。

槍形吸虫がその生活環を回すためには、寄生したアリが終宿主である草食動物の体内に入らなければならない。しかし、アリを好んで食べる草食動物はあまりいない。

だから、この寄生虫はアリの行動を操作し、ただの偶然に任せておくよりも高い確率で終宿主に食われるように仕向ける。

アリに寄生した幼虫たちはさらに発育を進め、大半は宿主の腹部で殻におおわれた「シスト」という状態になってアリが終宿主に食われるのをじっと待つ。だが、(その役割がどのようにして分担されるのかはわかっていないが)幼虫のうちの少なくとも一匹が、シストにならずアリの脳(食道下神経節)へと移動してとりつき、なんらかの方法で彼らの行動を操作する役目に就くのだ。

通常であれば、日が落ちて冷えてくると仲間とともに巣に帰るアリだが、槍形吸虫に寄生されると、どうしたわけだか草に登り、その先端の葉に大アゴで嚙みついて一晩中微動だにしない。

**✹生活環**
生物の個体が発生してから次世代の個体が発生を開始するまでの生活史、ライフサイクルのこと。環状図で表現することに由来する。

ヒツジなどは早朝から草を食むので、草のてっぺんで動かないアリは草ごと食べられる機会が増える。そして運がよければ、アリはこのおそろしい朝をやり過ごす。

そのうち気温が二〇度を超えてくると寄生虫はアリを解放して仲間の元へと帰し、日中のアリは普段と変わらない労働にはげむ。おそらく、草の先端で日中の太陽の熱を受け続けることは、宿主としているアリやその体内に潜む寄生虫自身にとって好ましくないのだろう。

つまり、これはあくまでも一時的な解放に過ぎない。日が落ちて冷えてくると、寄生虫は再びアリを操って草に登らせ、葉っぱの先端に体を固定させる。

そうやって、何度目かの朝に、ついにアリの命運は尽き、寄生虫の完全犯罪は達成されるのだ。

アリの行動を操作して植物に登らせるという点では、槍形吸虫と「ゾンビアリ菌」のやり口はよく似ている。しかし、自らが草食動物の腹の中に到達するまでアリを生かし、草の登り降りを夜ごと繰り返させる槍形吸虫の宿主操作は、アリを草に登らせた後すみやかに殺してし

✷**ゾンビアリ菌**
二二ページ掲載「タイワンアリタケ」の項を参照。

まうゾンビアリ菌のそれよりもずっと巧妙だ。
槍形吸虫がどのような仕組みで宿主操作のオンとオフを行っているのか、見当もつかない。そもそも、宿主の脳にどのように作用すれば、その行動を操れるというのだろうか。草のてっぺんに登らせて大アゴで体を葉に固定させるなどというアリの具体的な操縦方法を、少なくとも人間は知らない。

どれだけの時間と淘汰を経れば、このような複雑なライフサイクルと繊細な宿主操作の様式が固定化されるのだろう。一〇〇年も生きない私たちの時間感覚でこの生物学的複雑さに思いを馳せると、そのスケールのまぎれもない巨大さに夜も眠れなくなってしまう。

ちなみに、脳にとりついてアリを操作する役目に就いた幼虫は、ほかの幼虫たちとは異なりシスト化しないという。殻をまとっていてはアリの脳に直接作用することができないのだろう。SF活劇でバリアを展開したままではビームが撃てないのと同じである。そして、むき出しの体でアリを操縦し続けた幼虫は、その代償として、アリを終宿主に食べさせた後、その消化管を通過できずに死んでしまう。

一匹の幼虫が多数の仲間のために自らを犠牲にしているのだ。

アリの体内にいる幼虫はおそらく、同じ卵を起源とする遺伝的に同一のクローンである。一部のクローンが犠牲になることで、より多くのクローンが終宿主にたどりつけるのなら、その利他的な行動を支配している遺伝子は利益を得たクローンたちによって次の世代に伝わる、実際に伝わって現在の槍形吸虫がある、というわけである。

以上が、アリが夜な夜な自殺行為を繰り返し、ついには死亡した事件の真相である。

アリを操って殺した主犯一名は、すでに死亡している。

# 地獄のベッドメイキング
# ニールセンクモヒメバチ

Reclinervellus nielseni

今までいちばん丈夫で、安全で、
それでいて寝心地のいいベッドをつくらなくっちゃ。
なんだかずっと悪夢の中にいるような気がするけれど、
とにかくそうしなくちゃいけない気がするんだ。

人を殺したり家に火をつけたり、いろいろな悪事を働いて死後に地獄へ落ちた男は、しかし、生前に一度だけクモを殺さず助けてやったことで、地獄の底から脱出するチャンスを与えられた——。

芥川龍之介の小説『蜘蛛の糸』で、御釈迦様が大泥棒・犍陀(かんだ)多(た)の前に御下ろしなさったのが、極楽に生息するクモの糸である。この糸をつかんで、極楽まで登ってきなさい、というのである。

| 学　名 | *Reclinervellus nielseni* |
|---|---|
| 日本語名 | ニールセンクモヒメバチ |
| 分　類 | 昆虫類 |
| 大きさ | 7〜8mm |
| 宿　主 | ギンメッキゴミグモ |
| 分　布 | ヨーロッパ、日本 |

「クモの糸などで人が吊れるものか」と思うかもしれない。しかし、実際にクモがつくる糸は現代のわれわれが化学的に合成した高強度繊維に匹敵する強靱さをもっている。

たとえば、防弾チョッキなどに使われるケブラー繊維は同じ重さの鋼鉄の五倍も強いとされているが、クモの糸は断面積あたりの強さでこのケブラー繊維に匹敵し、計算上、糸の直径が〇・五ミリあれば体重六〇キロの人間を吊り下げることができるのだ。

血の池で浮かんだり沈んだりしていた犍陀多に見つけられた糸なら〇・五ミリといわずそれなりの太さだったろうから、御釈迦様は決して考えなしにクモの糸をお使いになったというわけでもないのだろう。

クモは用途に合わせて複数の糸を作り出す。強靱な糸、粘着性のある糸、弾力性のある糸等々、さまざまな性質や太さの糸をたくみに使い分けるのだ。

たとえば、ジョロウグモなどがつくる車輪のような形をした網を「円網（えんもう）」というが、放射状に張られた縦糸には巣を支える働きがあり、粘着性がなく非常に強靱だ。一方、渦巻状に張られている横糸は、弾力がありベタベタする粘着球が無数についていて、獲物をキャッチす

**✵蜘蛛の糸**
一九一八年に発表された、作家・芥川龍之介による児童向け短編小説。

**✵ジョロウグモ**
雌は体長二〜三センチ程度で腹部の黄色と淡青色の横縞が特徴的。微量の毒をもつ。日本全国に分布し、大きな円網をつくり、ときに

る役割がある。不運にも網にかかった獲物は、糸でぐるぐる巻きにされる。このときの糸は直径一〇〇〇分の一ミリにも満たない極細糸で、ジョロウグモは一度に一〇〇本あまりを出して素早く獲物を包み込む。

巣をつくるだけではない。種によっては、軽くて長い糸を気流に巻きとらせて空を飛ぶ「バルーニング」を行うクモすらいる。

繭(まゆ)をつくるチョウ目の昆虫など、一時的に糸を使う生き物はいるが、クモほどその生涯にわたって糸を使いこなすものはいない。

現在、クモはおよそ四万種が確認されていて、動物としては昆虫とダニ類に次いで三番目に多様な勢力である。糸と網をもったことが、クモを地球上のさまざまな環境に適応させ、しかも強力な捕食者としての地位を確立させたといえるだろう。

そんな糸の使い手を出し抜いて利用し、ただ死ぬよりもひどい運命にたたき落とす生物がいる。それが、クモヒメバチの仲間だ。

クモヒメバチはクモに寄生するハチである。寄生といっても、たいてい最後には宿主を殺してしまうので、その性質は捕食に近く、「捕食寄生」と呼ばれる。

は自分の体より大きな獲物を捕まえる。獲物はカエルやネズミ、鳥にまで及ぶことがある。

**✹バルーニング**
たとえばカニグモの仲間は数メートルほどの糸を何本も出し、風に乗って移動する。風力だけでなく大気中の電場を利用しているという報告もある。

**✹捕食寄生**
一般的な寄生でも、宿主を死に至らしめることはあるが、捕食寄生の場合は、寄生者の成長の過程で必ず宿主を殺す必要がある。特に昆虫ではこの型の寄生が多く見られる。

クモヒメバチの雌は、宿主となるクモを発見すると産卵管を刺して一時的に麻酔をし、動かなくなったクモの体表に卵を産みつける。数日後に卵からふ化した幼虫は、クモの腹部に開けた穴から体液を吸い上げて成長していくが、すぐには宿主を殺さない。クモは幼虫を背負った状態で普段どおりに網を張り、餌を捕まえて食べている。

クモは自然界における強力なハンターであり、また、網という堅牢な要塞を構えているため、襲ってくる生き物はそう多くない。

クモヒメバチの幼虫は、そんなクモをボディガードとして利用し、また、自らもその恩恵を受ける要塞のメンテナンスをさせるために生かしておくのだ。

このように、宿主に一定程度の自由な生活を許す寄生バチは、「飼い殺し寄生バチ」とも呼ばれる。ただし、宿主を生かしておくのは、あくまでも自分にとって都合がいいからで、用済みになれば容赦なく殺してしまう。

クモヒメバチの場合、幼虫がいよいよ繭をつくって蛹（さなぎ）になろうというタイミングで宿主の体液を吸い尽くして殺す。

しかも、命を奪う直前に「最期のひと働き」までさせるものもいる。

殺す直前のクモを操って、安全に蛹となって羽化をするための〝特製ベッド〟をつくらせるのである。

クモが普段張る網は飛翔昆虫などを見事に捕らえるが、そのぶん繊細で壊れやすいという欠点もある。だからクモは常に網のメンテナンスをしているのだが、この管理人が死んでしまった網ではハチは羽化するまでのあいだ繭の安全を維持できない。

そこで、クモヒメバチの幼虫は宿主を殺す前に操り、メンテナンスがされなくなってもしばらくは風雨などに耐えられる丈夫な網をしつらえさせるのだ。

この寄生虫が宿主を操作してつくらせる網のことを「操作網」という。

クモヒメバチが宿主につくらせる操作網の構造や機能は、種によってさまざまだ。たとえばニールセンクモヒメバチという体長七ミリほどのハチが宿主のギンメッキゴミグモを操ってつくらせる網は、クモが通常脱皮する際に張る「休息網」という網と形状がよく似ている。そして、クモ本来の休息網よりもずっと頑丈なのだという。

ちなみに、休息網にも操作網にも粘着糸はなく、本数の少ない縦糸に繊維状の装飾糸がついている。この装飾糸には紫外線を反射する性質があり、紫外線を見ることができる鳥や昆虫などが、不用意に網に衝突しないようにする働きが期待できる。

この操作網という特製ベッドのおかげで、クモヒメバチの幼虫は宿主が死んだ後も空中にとどまり続け、アリなどの外敵を避けながら羽化までの時間を安全に過ごせるのだ。

ベッドメイキングを強いられるクモには、クモヒメバチの幼虫からなんらかの化学物質が注入されており、その作用によってクモが特定の状況下で行う網づくりが誘発されているらしい。科学者が操作を受けた後のクモから幼虫を取り除くと、クモは徐々に正気を取り戻し、やがて元のような円網を張るまでに回復したという。おそらく体内の薬物濃度が下がったからだろう。

薬漬けの悪夢から醒めたクモにとって、この科学者は御釈迦様に見えたにちがいない。

目の前にあるクモの網というものは、その幾何学模様がいかに芸術的であったとしても無性に払いのけたくなるものだ。クモそのものを

✺**装飾糸**
クモのなかには、円網に白っぽい装飾のような模様を作るものがいる。その理由には多くの説があり、はっきりしたことはわかっていない。

不快に思い、網を破壊することに躍起になる人もいるだろう。

しかし、クモヒメバチに栄養を吸われながら薬漬けにされ、寄生虫のための網づくりを強いられた後に、体液を吸い尽くされて死ぬクモの哀れを想うとき、クモヒメバチならぬ人であれば、慈悲の気持ちも湧いてきて見逃してあげたくなるというものだ。そうしたら相応の報いがあるかもしれない。気まぐれによって、クモを踏み殺さずに助けてやった犍陀多のように。

そういえば、芥川の創造した極楽にはクモがいたが、そこにはクモヒメバチも生息しているのだろうか。もしいるとすれば、そのクモヒメバチは極楽でもクモを薬漬けにして働かせ、用済みになれば殺すのだろうか。

# ゴキブリは悪夢を見るか？
# エメラルドゴキブリバチ

*Ampulex compressa*

ある晴れた昼下がり、巣穴へと続く道。
翠玉のように輝くハチが、大きなゴキブリを引いていく。
ゴキブリには翅があるが、楽しい森にはもう帰れない——。

| 学　名 | *Ampulex compressa* |
|---|---|
| 日本語名 | エメラルドゴキブリバチ |
| 分　類 | 昆虫類 |
| 大きさ | 20mm |
| 宿　主 | ワモンゴキブリ |
| 分　布 | 熱帯地域 |

これからどこへ連れて行かれ、何が行われるのか。それを知ってか知らずか、おとなしく無抵抗にひかれていくその姿は物悲しく、どこ

か不気味でもある。私たちは世界中の熱帯地域でこのような光景を目にすることができる。

その光景とは、死地へと連れて行かれる大型のゴキブリと、手綱を引く小型のハチだ。ハチの名はエメラルドゴキブリバチという。体は青緑色、中脚と後脚の腿節（たいせつ）が赤色に煌（きら）めく、それはそれは美しいハチで、その宝石のような姿かたちからジュエル・ワスプ（宝石バチ）とも呼ばれている。

エメラルドゴキブリバチは獲物を狩って安全な巣に運び込む「狩りバチ」と呼ばれるグループに属し、幼虫は生きたワモンゴキブリに捕食寄生する。

ハチの体長は約二センチ。ワモンゴキブリはたいていその倍くらいはあるだろう。

わが子に、安全な場所で、新鮮な肉を、豊富に食べさせるため、ほかの多くの寄生バチや狩りバチは、獲物に永久的な麻酔を施す。しかし、エメラルドゴキブリバチにとって、ワモンゴキブリの体は巣穴まで運ぶには大きすぎる。

✹**狩りバチ**
昆虫などを捕らえて巣に持ち帰り、幼虫の餌とするハチの総称。トックリバチ、ベッコウバチ、ジガバチなど。狩人バチと呼ばれることもある。

✹**ワモンゴキブリ**
熱帯・亜熱帯地域にみられ、日本では南西諸島や小笠原諸島などに生息する大型のゴキブリ。赤褐色で胸部にリング状の模様（輪紋）をそこでこのハチは、邪悪な、しかし腕のいい脳神経外科医さながらの施術を行う。彼らはゴキブリの小さな脳の、さらに特定の部位に直接毒液を注入することで、その行動を操作し、自らの脚で巣穴まで歩かせるのである。

そうやってこのハチは、自分の体よりずっと大きな獲物をわが子の食料として利用できるようになった。

ゴキブリの悪夢は——もし犠牲となったゴキブリがその小さな脳で夢を見るなら、だが——ハチの強襲から始まる。

もちろん正気のゴキブリがただ死を受け入れるわけもなく、頭を隠したり、ハチを脚で蹴ったり、噛みついたりと死に物狂いで抵抗する。ところが、体格差はあってもやはり格闘ではハチに分があり、逃げ延びることはむずかしいようだ。

ハチはその大アゴでゴキブリをがっちりと捕まえると、まずゴキブリの前胸の神経節を素早く刺撃し毒液でもって一時的に前肢を麻痺させる。そして、ゴキブリの脚が止まったところで、次は長い針でその頭の中を慎重に探り、脳の特定の部位にピンポイントで毒液を注入す

もつ。夜行性で体長は三〜四センチ。

るのだ。

ほどなくしてゴキブリは前肢の麻痺から回復するが、襲撃されたときにはあれだけ暴れていたゴキブリが、悠長に身づくろいを始めてしまう。まるで死を前にして身を清めているかのようだ。

ハチはこの間に巣穴を整えに行き、三〇分ほどで戻ってくるが、そのころにはゴキブリの動きはすっかり鈍くなっており、もはやハチから逃れようとはしない。

ハチがゴキブリの脳に直接流し込んだ毒液のなかには、神経伝達物質であるドーパミンのほか、複数の化学物質が含まれている。ゴキブリが死の運命を目前に自らの身を清め、それをもたらす者に抗おうとしなくなったのは、この毒のカクテルによって文字どおり「洗脳」されたからである。


獲物が大人しくなると、ハチはゴキブリの二本の触角をかみ切り、流れ出てきた体液を啜(すす)る。襲撃で消耗した体力を回復するためだろうか。あるいは、わが子の食事として相応しいか味見をしているのかもしれない。

そしていよいよ、ハチはゴキブリの残った触角をくわえて巣穴へと引いていく。一方のゴキブリは、従順に、ハチに導かれるまま素直に自分の脚で歩き、自らの墓穴へと入っていく。

ゴキブリを巣穴まで誘導したハチは、その脚のつけ根に卵を一個産みつけ、ほかの捕食者に横取りされないよう巣穴の入り口をふさぐ。

次の犠牲者を求めてハチが巣穴から飛び去った後には、生きたままのゴキブリがおそろしい寄生体とともに残される。毒液によって逃避行動を起こすための脳活動が封じられたゴキブリは、動けるはずなのに、巣穴から逃げ出そうとはしない。

**✵次の犠牲者**
エメラルドゴキブリバチの寿命は三か月ほど。その間に雌一匹で二〇個以上の卵を産むことができる。

およそ三日後、卵からふ化した幼虫は二齢まではゴキブリの体表に張りついて脚のつけ根の柔らかい部分から体液を吸っているが、ふ化から四〜五日が経ち、二齢の終わりごろになると、まだ生きているゴキブリの外骨格を食い破ってその体内へもぐり込み、三齢になって内部寄生を始める。

その後は届く範囲にある脂肪体や筋肉、生殖腺などの新鮮な内臓をひたすら食べ進めていくのだが、その際に幼虫は抗菌物質を分泌して

**✵二齢**
昆虫の幼虫は脱皮によって区切られ、その各期間を「齢」と呼ぶ。卵がふ化してから一回目と二回目の脱皮の間が第二齢。

いるという。しかも、腸や中枢神経系などには最後まで手をつけない。ご馳走の鮮度を保つため、ゴキブリをできるだけ生かすようにしているのだ。

これほどの悪夢があるだろうか。

ゴキブリは生身の体を内側から食われていきながら、何もできない。いっそ殺してももらえない。ようやくゴキブリが死ぬことを許されるのは、内臓を食われ始めてから八日ほどが経過し、幼虫が成長しきって蛹（さなぎ）になるころのことだ。

幼虫が蛹になってから数週間後、羽化した次世代のハチがゴキブリの外骨格を食い破って翠玉（すいぎょく）色の姿を現す。ハチが巣穴から飛び去った後には、無残に中身を食べ尽くされたゴキブリの乾いた亡骸（なきがら）が残るのみである。

いくら嫌われ者の代表格とはいえ、生きながらにして体の中を食べられていったゴキブリに対し、同情を禁じえない。

彼らはいったい、何を感じていただろうか。せめて、ハチの毒液の効果で痛みを感じない状態であったことを祈りたいが、ゴキブリを従

✳**蛹**
幼虫はワモンゴキブリの胸から腹部あたりにかけて、薄い繊維状の膜でおおわれた細長い繭を形成する。

順な生餌にした毒液は、そのままであれば一週間から一〇日ほどで効力を失うという。

であれば、ゴキブリは生身の体を内側からむさぼり食われている最中に洗脳が解け、正気に戻ってしまった可能性もあるのではないか。

ゴキブリの悲鳴は誰にも聞こえない。

# Dinocampus coccinellae
# テントウハラボソコマユバチ
## できるだけ殺さず利用する

彼女はか弱き者の上におおいかぶさり、ひたすらに守った。
おお、なんという献身！
ほんの少し前までその者は、
彼女の体を貪り食っていたというのに——。

棒に止まらせると高い方へと登り、先端で行き場がなくなると上へと飛び立つ——まるでお天道さまへと向かって飛んでいくように見える習性から、その昆虫は「天道虫」と呼ばれている。テントウムシはいにしえより幸せを運ぶ太陽神の使いと見なされ、実際、一部の種は農作物の害虫を大量に食べて現実に人間の役に立っている益虫だ。

美しい模様と均整のとれた丸いフォルムも相まって、この甲虫は

| 学名 | *Dinocampus coccinellae* |
|---|---|
| 日本語名 | テントウハラボソコマユバチ |
| 分類 | 昆虫類 |
| 大きさ | 3mm |
| 宿主 | テントウムシ |
| 分布 | 世界各地 |

✷**益虫**
もちろん、すべてのテントウムシが益虫というわけで

長く人々に愛され親しまれてきた。

そんな愛らしい彼女がいったい何をしたというのだろう。

彼女はおそろしいウイルスを注射される——。


テントウハラボソコマユバチという体長三ミリほどの小さなハチがいる。その名が示しているように、テントウムシに捕食寄生する寄生バチの一種だ。

このハチが標的にするのはたいてい雌のテントウムシである。

なるほど雌のテントウムシは雄よりも体が大きく、食事量もはるかに多い。より豊富な栄養をわが子に提供できるというわけなのだろう。


テントウハラボソコマユバチは、二つの点でほかの寄生バチとは大きく異なっている。

まず一つ目に、甲虫であるテントウムシを狙うということ。

頑丈な外骨格をもつ甲虫は身の守りが固い。テントウムシも、ドーム状の上翅（じょうし）は堅牢で、並の昆虫の顎では歯が立たない。


はなく、マダラテントウ族の仲間などは農作物の葉を食べる害虫である。

**✷甲虫**
甲虫目の昆虫の総称で、世界で三五万種以上が知られる。革質化した硬い翅（上翅）が背面をおおい、その下の膜質の翅を使って飛翔する。ハンミョウやゲンゴロウ、コガネムシ、ホタル、カブトムシなど。

加えて、テントウムシは刺激されると脚の関節から黄色い液体を分泌する。この液体には苦みと臭みがあって敵を撃退する。テントウムシの目立つ色模様は、捕食者に対する「自分を食べてもうまくないぞ」という警告であり、多くの捕食者はそのことを認識している。

これだけ防御力の高い生き物をあえて狙うのは、わが子が捕食者に食べられないようにするためだろう。

二つ目は、これがとりわけ異例なのだが、寄生バチの大半が幼虫の成長過程で宿主を食い殺してしまうなか、このハチの幼虫は宿主を殺さないということ。

ただしそれは、決してテントウハラボソコマユバチが特別に慈悲深い寄生バチだからというわけではなく、あくまでも利己的な理由によるものだ。

ハチはテントウムシを餌として食(は)んだ後も生かしてその行動を操り、自らのボディガードに仕立て上げるのである。

テントウハラボソコマユバチの大半は未受精卵から生まれた雌であ

り、雄は少数である。雌バチはテントウムシの背後からそっと近づき、素早く産卵管を突き刺してその腹腔内に卵を産みつける。

卵からふ化した幼虫は、テントウムシに内部寄生し、宿主の脂肪体や生殖腺などを食べて成長していくが、このとき、命にかかわる内臓には手をつけない。

幼虫に体を内側から食べられているにもかかわらず、組織の致命的な損傷が避けられているおかげでこの間のテントウムシには普段と変わった様子は見られない。いつもどおりアブラムシの捕食にはげみ、せっせと栄養を摂り続ける。

約二〇日後、テントウムシの体内を食べて十分に成長した幼虫は、宿主の体から脱出し、その脚の下で糸を吐き出して繭をつくる。

幼虫が体の外に出たなら、テントウムシはハチの寄生から解放されたはずである。しかし、彼女にはそんな義理などないはずなのに、その後、ハチの繭を守る行動をとるのだ。

幼虫が繭をつくり始めた途端、それまで盛んに動いてアブラムシを捕食していたテントウムシは、一転、ほとんど動かなくなり、繭におおいかぶさった状態でその場にとどまる。そして、アリやクモといった捕食者が攻撃してくれば脚を痙攣させて遠ざけ、黄色い液体も分泌するなどしながら献身的にハチの幼虫を守ろうとする。

こうして、ハチはテントウムシに守られながら繭をつくり、蛹となり、その約一週間後に成虫となって繭から出てくる。

幼虫がテントウムシを食い尽くさないでおいたのは、外敵の自動迎撃システムを備える生きたシェルターとするためだったのだ。

テントウムシの行動の変化は、幼虫が宿主の体を脱出した後に起こる。このとき、もはや寄生虫と宿主は物理的に接触していないというのにだ。

科学者によれば、この行動操作には、親バチが産卵と同時にテントウムシに注入するRNAウイルスが一役かっているという。

幼虫が体内にいる間は、テントウムシ自身の免疫システムは抑制されているという。ハチの産卵管から注入されたRNAウイルスは、テントウムシの体内で増殖し、ハチの終齢幼虫がテントウムシから出てくる直前に脳に感染する。

そして、幼虫がテントウムシの体から抜け出すと同時に、それまで

**✹RNAウイルス**
通常の生物は遺伝子として必ずデオキシリボ核酸（DNA）をもつが、ウイルスの一部にはリボ核酸（RNA）のみをもつものがいる。たとえば動物ウイルスではインフルエンザウイルスが該当する。

幼虫によって抑え込まれていたテントウムシの免疫システムが再活性化する。目覚めた免疫システムはウイルスへの攻撃を開始し、ウイルスに感染したテントウムシ自身の脳細胞も破壊する。

これが、ハチがテントウムシの体内から出た後、テントウムシがその動きを止め、あたかも幼虫を守っているかのように振る舞う理由だとされている。

ただ、ハチがどうやってこうまで見事にテントウムシの行動を操作しているのか、人類はまだその詳しいメカニズムを解明できてはいない。

私たち人間は、一部のテントウムシの成虫を農作物の害虫であるアブラムシ類を駆除する生きた農薬として利用している。農薬として使いやすいように、飛翔能力の低い個体を交配させて飛ばない個体をつくり出すこともする。

しかし、ＲＮＡウイルスを使った時限式の行動操作――体長三ミリほどの小さなハチの方が、私たちよりもよっぽど巧妙精緻にテントウムシを利用しているではないか。

**✹生きた農薬**
アブラムシ類は農作物の汁を吸う害虫で、ナミテントウの成虫は、アブラムシを多いときで一日に一〇〇匹以上食べるといわれる。

ウイルスを注射され、体内を貪られ、脳を破壊される。そんなさんざんな目に遭った後、一週間以上も飲まず食わずでハチの子どもを守ったテントウムシの多くは、繭を抱えた姿で命を落とす。

しかし、なかには生き延びるものもいて、そのような個体はハチが羽化して飛び去った後、麻痺から回復して元の生活に戻るという。そして、運が悪ければ、またテントウハラボソコマユバチに襲われ、再び食料兼子どものボディガードとしてこき使われるのだ。

## ◉寄生生物に寄生する超寄生生物（ハイパーパラサイト）

世界にはなんと寄生生物に寄生する生物も存在している。「超寄生生物（hyperparasite）」という。たとえば、タラバガニの一種パタゴニアエゾイバラガニには蔓脚（まんきゃく）類のフクロムシの一種が寄生するが、そのフクロムシの袋部分には等脚類のリリオプシスが寄生する。フクロムシは宿主のタラバガニを去勢するが、リリオプシスも宿主のフクロムシを去勢してしまう。

また、タイセイヨウサケの体表に寄生する甲殻類サケジラミには、デスモゾーンという極めて特殊化した菌類の一種である微胞子虫が寄生する。デスモゾーンが寄生したサケジラミは生殖能力が弱まることが知られている。

この超寄生生物をうまく利用して人間や産業動物に害をなす寄生生物をコントロールできないかと考えている科学者はいるが、宿主と寄生生物と超寄生生物の関係において敵の敵が必ずしも味方になるというものでもなく、そもそも超寄生生物があまり見つかっておらず、まだ研究は実用段階には至っていない。

地球上のおよそすべての生物は寄生生物の宿主となっているのだから、寄生生物に寄生する生物がいてもなんら不思議はない。自然界には私たちがまだ見ぬ超寄生生物が多数存在していることだろう。超寄生生物があまり発見されていないのは、超寄生生物が見つかる確率が、寄生生物の寄生率にさらに超寄生生物の寄生率を掛け合わせた低いものであること、超寄生生物の多くが顕微鏡下でなければ観察できないほど小さいこと、などが理由である。

しかし、研究を続けていけば、超寄生生物の新種記載は増え、そのうち超寄生生物に寄生する「超超寄生生物」などという生物も発見されるはずだ。

# 第二章

# ヒトに棲む

# キツネがばらまく時限爆弾
# エキノコックス

*Echinococcus multilocularis*

「頭」はキツネの中にある。
「頭」に繋がる細い「頸」から、「節」がいくつも生えてくる。
最初の「節」は、熟れていつの間にか落ちてしまった。
「頸」は次々、新しい「節」を生んでいる。
キツネに近づき撫でるなど、愚か者のやることだ。

あるハイカーの一日。

彼は林道の端で野苺を見つけ、そして食べてみた。その実に瑞々しさは感じられなかったし、ろくに味もなかったが、野生の苺をその場で食べるという行動に、彼の気分は高揚した。

やがて足取りがやや重くなってきた彼の目の前に、深い沢が現れた。人里離れた山の湧き水は見るからに清冽で、彼は一も二もなく

| 学名 | *Echinococcus multilocularis* |
| --- | --- |
| 日本語名 | エキノコックス(多包条虫) |
| 分類 | 条虫類 |
| 大きさ | 成虫2〜4mm |
| 宿主 | 中間宿主:主にネズミなどのげっ歯類<br>終宿主:主にキツネなどのイヌ科動物 |
| 分布 | 主に北緯38度以北。ドイツ、フランス、スイス、ロシア、中国、アラスカ、北海道など |

沢水を口にする。舌触りのいい冷水が彼の喉（のど）を癒やし、全身に染みていく。これでコースの後半もがんばれる。

登山口で心地よい疲れに浸りながらバスを待っていた彼の足元に、キツネが近づいてきた。人慣れしたかわいらしいキツネに、彼は思わず手を伸ばす。彼が餌を持っていないと察すると、キツネはどこかに行ってしまった。キツネの毛の手触りはイヌと変わらない。

それから十余年がたち、この楽しかった北海道でのハイキングの思い出もとうに薄れたころ、彼の身に大きな不幸が降りかかった。

エキノコックスは条虫の仲間である。

属名*Echinococcus*は「棘（とげ）のある球」という意味で、これはエキノコックスの幼虫——包虫と呼ばれる——の形状に由来している。

エキノコックス属条虫は現在までに九種類が知られており、うち六種は人間にも寄生する。そのなかでもとりわけ単包条虫と多包条虫という二種は、古くから人類を煩（わずら）わせてきた。どちらも、成虫はキツネやイヌなどの小腸に寄生しているが、そこで産み落とされた虫卵がヒトの口に入ると、包虫が肝臓などの臓器や器官に寄生してゆっくりと増殖するのだ。

エキノコックス症というこの疾病は、病気としては、紀元前四世紀ごろの古代ギリシア、医師ヒポクラテスの時代からすでに知られていたという。もっとも、自然にできる腫瘍の一種だと思われており、寄生虫が病原体だと判明したのは一七世紀になってからのことだ。

単包条虫は全世界の主に牧畜の盛んな地域に、多包条虫は北緯三八度以北に分布している。そして、多包条虫の分布地域に、我らが日本の北海道の全域も含まれるのだ。

自然界のエキノコックス——ここからは多包条虫について話をしよう——は、キツネやイヌなどイヌ科の野獣を主な終宿主にしている。

成虫は終宿主の小腸に寄生して卵を産み、その卵は終宿主の糞と一緒に外界に排出される。卵はキツネの口や体毛に付着し、そのあたりの草地を汚染し、川の流れに乗って広がり、さらには埃（ほこり）と一緒に空中へと舞い上がる。

この卵を中間宿主であるネズミが口にすると、その小腸で卵からふ化した幼虫が主に肝臓に移動して袋状になり、その袋からさらに小さ

**✹北海道の全域**
もともとはアラスカや千島列島に分布していたエキノコックスは、流氷に乗ったキタキツネによって北海道に持ち込まれ、すでに一九九〇年代には全道を流行地としている。

な多包虫という無数の袋が出てきて、塊をつくりながら不気味に増殖していく。そして、感染から一～二か月で、その袋の内部に「原頭節」と呼ばれる成虫の頭部が大量につくられるのだ。多包虫は肝臓から腹腔内のほかの臓器、胸腔、脳などにも転移し、最終的には体内に数百万もの寄生虫の頭部パーツを抱いたネズミができあがる。

そんな状態のネズミが終宿主であるキツネに捕食されると、多包虫から大量の原頭節が出てきて、キツネの小腸に固着する。直後は頭部しかないが、やがて頭部と複数の体節——条虫類の特徴で、これを片節（へんせつ）という——がつくられていき、一か月ほどで体長二～四ミリの成虫になる。

成虫の後端にある片節には二〇〇個ほどの卵が詰まっており、寄生虫はこれを順次切り離し、片節を再生しながら、卵をばらまき続ける。一匹の成虫が産む卵の数はそれほど多くはないが、いかんせん頭数が多いので、キツネの体から排出される寄生虫の卵は膨大な数となる。

そうやって、北海道でのエキノコックスは、主にキタキツネやアカギツネと、エゾヤチネズミやミカドネズミなどの野ネズミの間で生活環をグルグルと回している。

**＊多包虫**
微小嚢胞が集塊状を呈しサボテンのような見た目をしている。ヒトでは中心部が壊死し膿瘍となることがある。

**＊条虫類**
扁形動物門条虫綱に属する動物で、約五〇〇〇種が知られている。一般に、多くの節（片節）が連なった平たいテープ状の体をしている。体長が一〇メートル以上になる種から、エキノコックスのように数ミリの種までさまざま。

だが、それだけのことならよかった。

それだけなら、あのハイカーに不幸は起きなかったのだ。

問題は、何かのはずみで卵を飲み込んでしまえば、図らずもヒトがネズミの代わりにされてしまうということだ。

何かのはずみ――そう、流行地のキツネがうろついているような野山で、野苺を摘んでそのまま食べたり、生水を飲んだり、あろうことかキツネを触ったり――あのハイカーのような振る舞いをしていれば、危険が積み上がり、ヒトもネズミ同様にエキノコックスの中間宿主になり得る。

ヒトの小腸でネズミ同様に卵からふ化した幼虫は、たいていは肝臓に、ほかにも肺や脾臓、脳などに定着して多包虫となる。そして寄生臓器をじわじわと浸潤しながら、まるでがんのように増殖していき、やがて致命的な機能障害を引き起こす。何もしなければ臓器のほとんどが多包虫の組織に置き換えられてしまい、九〇パーセント以上の高い確率で寄生されたヒトは死んでしまう。

多包虫を殺す薬はまだ開発されておらず、発育を抑える薬もあるに

✷**機能障害**
寄生されたのが肝臓なら黄疸・疲労感・右脇腹痛・肝臓肥大、肺なら咳・胸痛・血痰・呼吸困難、脳なら癲癇などの症状が出る。

はあるが効果は一定ではなく、治療法としては寄生虫を外科手術で摘出するしかない。

ところが、悪いことに、ネズミならぬヒトの体内では多包虫の発育は遅く不完全で、この寄生虫はヒトの臓器に潜伏すると十数年をかけてゆっくりと増殖する。そのため、ヒトは寄生されてからかなり長い間、自分の体内で深刻なことが起こっていることに気がつかない。症状が現れて医者に駆け込むころには、すでに寄生虫が臓器を占拠していて手遅れ――ということも多いのだ。そして、完全に切除できない場合、取り残した病巣から再び多包虫の増殖が始まってしまう。

そんなおそろしいエキノコックス症の患者が、北海道では毎年一五～二〇名ほど報告されている。新規患者の数だけを見れば、それほどよくある病気とはいえないかもしれない。しかし、現在の患者がエキノコックスの寄生を受けたのは十数年前なのだ。

北海道に生息するキツネのエキノコックス感染率は急速に上昇しており、近年ではキツネの四〇～六〇パーセントがエキノコックスを保持しているといわれている。人間との距離が近い飼いイヌや飼いネコ、ブタからも感染が見つかっており、さらには、北海道から遠く離れた愛知県知多半島の野犬が多包条虫に感染していたという報告もあがってきている。

キツネやネズミでの流行から患者の発生までにかなりのタイムラグがあることを考えれば、今後、日本国内で患者の数が増えないともかぎらない。今も誰かの体内で、この生きた時限爆弾は、静かにカウントを進めている。

幼虫を殺す薬はまだないが、幸いなことに成虫を殺す薬は存在する。これを餌に混ぜて大量散布し、野生のキツネや野良犬に寄生する成虫を駆虫するという試みが科学者たちによって行われている。

そして、せめて私たち個人は、流行地では手洗いを徹底し、山菜や野菜はよく水道水で洗い、沢水は飲まず、いくらかわいかろうとキツネや野犬には決して触らないでおこう。

エキノコックスという寄生虫は、現在でもなお、最悪の場合は人間に死をもたらすおそろしい寄生虫なのだということをゆめゆめ忘れてはならない。

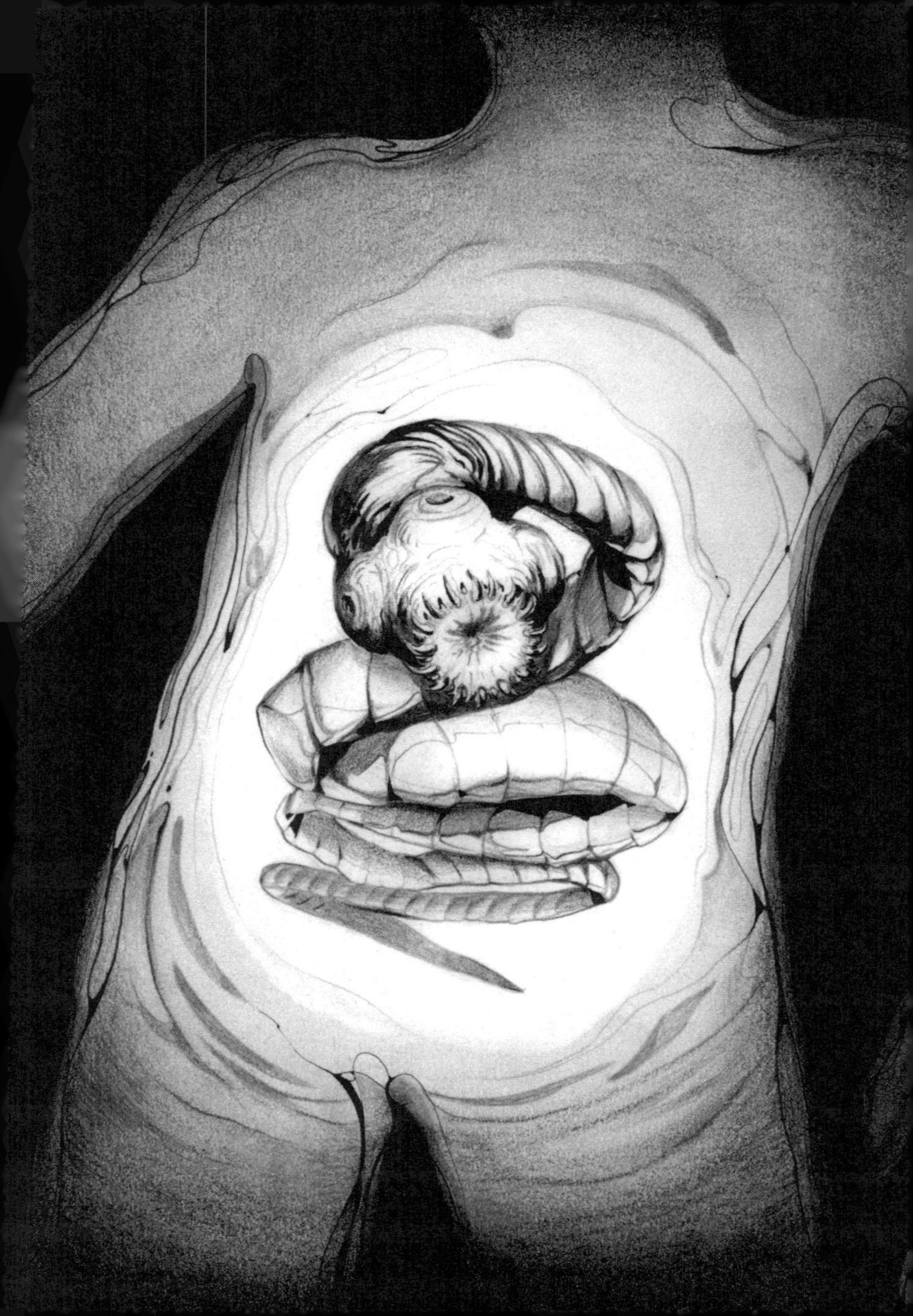

# 私の中にいる怪物
# サナダムシ

Dibothriocephalus nihonkaieisis

これも美しさを手に入れるため——。
彼女は意を決し、「それ」を飲み込んだ。
必要なもののすべては彼女が提供し、
その怪物は彼女の中で一〇メートル以上に育った。

「サナダムシ」の名は誰しもが一度は耳にしたことがあるだろう。扁形動物門条虫綱に属する寄生虫の総称である。ヒトの小腸に寄生して一〇メートルもの長さに達する怪物のような種もいることから、古くから知られている寄生虫のグループだ。

サナダムシという俗称は成虫の形が桐箱や武具などに用いられる平たい織紐・真田紐に似ていることに由来しており、テープのようでもあるから英語ではtapewormと呼ばれる。

| 学　名 | *Dibothriocephalus nihonkaieisis* |
|---|---|
| 日本語名 | 日本海裂頭条虫 |
| 分　類 | 条虫類 |
| 大きさ | 幼虫2〜3cm　成虫5〜10m |
| 宿　主 | 第一中間宿主:海産の甲殻類と推定<br>第二中間宿主:サケ・マス類<br>終宿主:ヒト、ヒグマなど |
| 分　布 | 日本 |

✷**古くから知られている**
平安時代に書かれた日本最古の医書『医心方』には、「寸白」という名前で登場する。また、江戸時代の病草紙『新

この寄生虫には、目も口も消化管もない。脳すらもたない。栄養は宿主の腸内で体表から吸収する。その体は頭節とそれに続く平たい片節からできていて、種によっては片節が数千も連なることがある。その一つひとつの片節に雄と雌両方の生殖器官がある。

同じ片節内で、異なる片節で、または複数の虫の間で、来る日も来る日も生殖を行い、多いものでは虫一匹が一日に一〇〇万個もの卵を産み出す。この寄生虫の本体は、いわば生殖器と卵のつまった平たい袋のようなものだ。

ヒトを終宿主とするサナダムシのなかには、驚くほどの長さになるものがいる。代表的なのは、日本海裂頭条虫、有鉤条虫、無鉤条虫の三種だ。

日本海裂頭条虫は、頭部の吸溝でヒトの小腸内に固着し、体長一〇メートル以上にもなる寄生虫界最大級の虫だ。

このサナダムシは海産の甲殻類——詳しいことはよくわかっていない——を第一中間宿主、サケ・マス類を第二中間宿主、ヒトやヒグマ

撰病草紙』には、患者の尻から出てくる日本海裂頭条虫を箸で巻き取る様子が描かれている。

✵**真田紐**
信州上田城主、真田幸村の父・昌幸が刀の柄に巻いたことからその名がついたと伝わる。

✵**裂頭条虫**
バルト海周辺地域には、日本海裂頭条虫と近縁の広節裂頭条虫という別種が生息している。こちらも体長が一〇メートルに達することがある。

✵**吸溝**
寄生する際に対象物に固着するための溝状の器官。日

を終宿主としている。

虫が大きいので下痢や腹痛などの症状が起きることもあるが、組織にもぐり込んだりはしないので無症状の場合もあり、肛門からきしめんのような虫体が自然に垂れ下がってきて初めて寄生に気づくことも多い。

有鉤条虫は頭部に四つの吸盤と引き込み可能な多数の鉤を備えたサナダムシで、ブタを中間宿主とし、その生肉を食べたヒトに寄生して三メートルほどに育つ。

このサナダムシも成虫がおとなしく寄生しているだけならヒトに大きな害は与えない。

しかし、腸内でサナダムシの片節の一部が壊れると、中の卵からふ化した幼虫が全身にまわり、行き着いた先の組織で楕円形の嚢虫（のうちゅう）に発育することがある。

この嚢虫が脳に寄生した場合には、脳を圧迫して、神経嚢虫症という痙攣（けいれん）発作や麻痺、意識障害といった重い症状が現れ、最悪、死に至ることもある。

本海裂頭条虫は腸粘膜に固着するために頭節に一対の吸溝をもつ。

✷**有鉤条虫**
九八ページの挿絵は有鉤条虫を描いたもの。

無鉤条虫は頭部に四つの吸盤をもつが有鉤条虫のような鉤はなく、「カギナシサナダ」とも呼ばれる。

こちらはウシを中間宿主とし、生焼けの牛肉やホルモンを食べることで終宿主のヒトに寄生し、その体内で六メートルほどに育つ。

このサナダムシも症状は軽度の下痢と腹痛くらいだが、便といっしょに活発に蠢く片節が排出されるようになる。自分の体から毎日のように「蠢くマカロニ」が出てくるのだから、精神的なダメージは大きいだろう。

これだけの大きさの生物を体内に飼っていれば、栄養をたくさん横取りしてくれて楽に痩せられるのではないか――そう考える一部の人々は、サナダムシの寄生がダイエットに有効かもしれないと期待を寄せている。

そんなサナダムシ・ダイエットの成功例としてまことしやかに語られるのが、あるオペラ歌手にまつわる都市伝説だ。

その美貌と類いまれなる美声から二〇世紀最高のソプラノ歌手とも

いわれるマリア・カラス。

一九五一年一二月に初めてスカラ座から呼ばれたとき、体重九五キロだった彼女は、その三年後のシーズン・オープニングの時には、六五キロになっていたという。実に、三〇キロもの減量である。

背の曲がったみっともない鯨のような巨軀だったマリアを蝶のようにエレガントな女性へと変身させたものこそ、スイス人の医師から処方された「痩せ薬」ことサナダムシの幼虫であった――という噂だ。

しかし、これは「楽をして痩せたい」と願う現代人の願望が産んだ俗説である。

マリア・カラスの元夫ジョヴァンニ・バッティスタ・メネギーニの回顧録によれば、彼女はたしかにサナダムシに寄生されていた。一九五三年、彼女はホテルのトイレでサナダムシの体の一部を排出し、半狂乱になってバッティスタを呼びつけたというのだ。

そして、彼女が痩せ始めたのは、医師の処方した薬でこのサナダムシを体内から駆虫してからのことだったという。駆虫後の一週間で彼女の体重は三キロ落ち、その後も落ち続け、数か月で二〇キロ近く痩せた。

**✹回顧録**
『わが妻マリア・カラス(上・下)』ジョヴァンニ・バッティスタ・メネギーニ著、音楽之友社、一九八四年。

医師と夫婦は、この変化はサナダムシの駆虫によって起こったものだと結論づけている。

つまり、体内に寄生する怪物がいなくなったことで、彼女は心身ともに健康になり――肥満はおそらく精神的な問題からきていた――結果として痩せて美貌を取り戻したということになる。

真相は、都市伝説とは正反対なのである。

彼女はしばしば生肉を食べていたそうなので、寄生していたのは有鉤条虫か無鉤条虫だったのだろう。

高度に進化した寄生虫の多くは、宿主にあまり大きな害を与えない。宿主に害を与えることは、自らの生存の可能性を減らしてしまうからだ。

とはいえ、寄生虫は人体にとっては明らかな異物であり、いくつかのサナダムシは数ある寄生虫のなかでも規格外の長さ・容積であるから、まったくの無害であるとはとてもいえない。

世界でも珍しい、寄生虫に特化した研究博物館である目黒寄生虫館には、全長八・八メートル、約三〇〇〇の片節が連なった日本海裂頭

✷**目黒寄生虫館**
一九五三年に医学博士・亀谷了の私財により研究機関

条虫の標本が展示されている。機会があれば、その怪物じみた長さをぜひ自らの目で確認してみてほしい。もしも、自分の腸にこれだけの長さの生き物が居座っていたら――。

サナダムシ・ダイエットは危険である。絶対に行うべきではない。サナダムシに寄生されて仮に体重が減ったとしても、それは痩せたのではなくやつれたのであり、完璧で美しい身体からは遠ざかっているのだ。

として設立された寄生虫専門博物館。東京都目黒区下目黒四ー一ー一。

# 死に至る眠り トリパノソーマ

Trypanosoma brucei ssp.

その奴隷の眠りは深く、
決して目覚めることはなかった。
どれほど引っ張っても、棒や鞭で打ち据えても、
彼は二度と目覚めなかった。
動かぬ奴隷の体の上を、ツワナが二匹、飛んでいる。

アフリカ大陸のサハラ砂漠以南、北緯一五度から南緯二〇度にわたる広い帯域は「ツェツェ・ベルト」と呼ばれている。ツェツェ・ベルトは呪いの地だ。

そこには、ツェツェバエという大型の吸血バエのグループが分布しており、それらが「睡眠病」というおそろしい病を人々にもたらす。

かつての強大なイスラム帝国もこの呪いに阻まれ、サハラ砂漠以南

| 学名 | *Trypanosoma brucei gambiense*<br>*Trypanosoma brucei rhodesiense* |
|---|---|
| 日本語名 | トリパノソーマ（ガンビアトリパノソーマ<br>ローデンシアトリパノソーマ） |
| 分類 | 鞭毛虫類 |
| 大きさ | 錘鞭毛体のとき長さ16〜30μm、幅1.5〜3.5μm |
| 宿主 | 中間宿主:ヒト<br>終宿主:ツェツェバエ |
| 分布 | サハラ砂漠以南のアフリカ中央部 |

**✷ツワナ**
アフリカ南部でハエを指す言葉で、「ツエツエ」という名前の由来となっている。

を征服できなかったといわれているほど、おそるべき病である。

睡眠病にかかった者は、睡眠周期の乱れ、意識の混濁、激しい頭痛や痙攣（けいれん）、精神の錯乱といった神経症状に苛（さいな）まれ、やがて回復不能の昏睡におちいり、全身衰弱で死を迎える。

むかしから認識されていた病気で、古くは一四世紀のイスラム世界を代表する歴史家イブン・ハルドゥーンが「マリ帝国の王マンサ・マリ・ディアタ二世は、玉座の上で二年間昏々（こんこん）と眠り続け、一三七四年についに病で死んだ」と書き残している。

睡眠病は大航海時代に西アフリカで奴隷貿易にはげんでいた商人たちにもよく知られていた。病気の初期にしばしば首の後ろのリンパ節が腫れることがあり、奴隷商人たちは奴隷船に乗せた「積み荷」にそれを見つけると海に放り込んだという。遠からず死ぬのだから無駄に生かしておく必要はない、というわけだ。

その後の植民地統治の時代にも、睡眠病は、アフリカを収奪しようとするヨーロッパ人たちの頭痛の種だった。アフリカ大陸の植民地化が進んだ一九世紀末から二〇世紀初頭にかけて、睡眠病は約八〇万人もの死者を出したとされている。

**✷マリ帝国**
現在のマリ共和国を中心とする地域につくられたマリンケ族の国家。一四世紀には同国の商人たちが西アフリカ全体に勢力圏を拡大、その名はヨーロッパにまで知れ渡ったとされる。

この間に、ロベルト・コッホ、アルベルト・シュバイツァー、志賀潔といった錚々たる細菌学者や医師たちがこの病の研究に取り組んだが、根本的な予防法や治療法を見つけることはできなかった。

睡眠病はかつてヨーロッパ人に「暗黒大陸」と呼ばれていたアフリカを象徴する病魔の一つであり、今なおサハラ砂漠以南三六か国に住む約六五〇〇万人が生命の危機にさらされている。

そんなおそろしい病の真の元凶――それは、ツェツェバエが媒介するトリパノソーマ原虫である。

トリパノソーマは一本の鞭毛をもつ寄生性の単細胞生物だ。ヒトを中間宿主、ツェツェバエを終宿主とし、それぞれの宿主の体内で変態しながら増殖している。

「トリパノソーマ」という名前は、ギリシア語で「穴を開けるもの」を意味するトリパノンと、「体」を意味するソーマからきている。これは、顕微鏡で観察されたトリパノソーマのらせん状の動きが、ワインの栓抜きのようであったことに由来したものだ。

トリパノソーマには多くの種が存在している。たとえば、中南米に

**✷ロベルト・コッホ**
ドイツ人の細菌学者。炭疽菌、結核菌、コレラ菌を発見し、近代細菌学の基礎をつくる。一九〇五年ノーベル医学生理学賞受賞。一九一〇年没。

**✷アルベルト・シュバイツァー**
ドイツ人の医師。パイプオルガン演奏とバッハ研究の第一人者。医学を学びコンゴに熱帯病病院を建設。一九五五年ノーベル平和賞受賞。一九六五年没。

**✷志賀潔**
宮城県出身の細菌学者。東大卒業後、北里柴三郎の伝染病研究所に入り一八九七年に赤痢菌を発見した。一九五七年没。

はカメムシに類する大型の吸血昆虫サシガメが媒介するクルーズトリパノソーマが分布しており、ヒトが感染すればシャーガス病を患う。睡眠病の病源体はそれとは別種で九八パーセントはガンビアトリパノソーマという種が、残りはローデンシアトリパノソーマという種が引き起こしている。いずれもアフリカ大陸を主戦場とするトリパノソーマで、ブルーストリパノソーマという種の亜種だ。その外見からは種を区別できないが、それぞれ宿主や病気の症状は異なる。

ブルーストリパノソーマはウマやロバなどに「ナガナ病」という病気もたらす種だが、ヒトには病気をもたらさない。ガンビアトリパノソーマはヒトにだけ寄生して睡眠病を引き起こし、ローデンシアトリパノソーマは本来ウシ科動物の寄生虫だがヒトにも寄生して急性の睡眠病を引き起こす。

それぞれ宿主とするツェツェバエの種も異なるが、いずれのツェツェバエもツェツェ・ベルトに生息している。

ツェツェバエのだ液腺には感染に特化した形態のトリパノソーマが集結しており、ハエが昼間ヒトを吸血するとだ液にまぎれた寄生虫が

**✷シャーガス病**
クルーズトリパノソーマがもたらす病気。アメリカトリパノソーマ症とも呼ばれる。サシガメの糞にまぎれてヒトや動物に寄生し、一五年ほどの長い潜伏期間の後、感染者の二〇~三〇パーセントに心臓合併症や腸管合併症が起こり、患者は長く苦しみながら死に至る。シャーガス病についても、ワクチンは存在せず、治療薬も毒性の強いものしか開発されていない。

**✷だ液腺**
動物の口腔や咽頭に隣接して開口する外分泌腺で、主

ヒトの体内に侵入する。トリパノソーマはヒトの体内ではフリルのついたウミヘビのような形になり、鞭毛と波動膜を巧みに動かして血球の間を泳ぎ回りながら、二分裂によってどんどん増殖していく。

感染の初期は、ツェツェバエに刺咬された部位が赤く腫れ、発熱、悪寒、頭痛、倦怠感といった風邪のような症状が現れる。この時点で治療できればいいのだが、症状が軽いので感染者は自らが致命的な呪いを受けたことに気づきにくい。感染初期の患者が適切な治療を受けることは少なく、病気はゆっくりと、しかし容赦なく進行する。

増殖したトリパノソーマが血管からリンパ管にたどりつき、これを冒し始めると、リンパ節が腫れあがり、貧血や疲労感、内臓疾患などの慢性症状が出てくる。

しかも悪いことに、ヒトの血液中のトリパノソーマは、自らの細胞表面のタンパク質を変異させる能力を持っている。これによって宿主の免疫システムからの攻撃を回避し続けることができるのだ。つまり、ヒトの免疫システムが寄生虫の細胞表面についてようやく学習したころに、この寄生虫はまるで変わり身の術を使うかのようにそれを変化させ、免疫からの攻撃を免れる。こうして戦線を振り出しに戻してし

としてだ液を分泌。消化酵素や毒物質、抗血液凝固物質など種によって多様な成分が分泌される。

まうのである。

そんないたちごっこを続けているうちにヒトの免疫システムは疲弊し、ついには血液脳関門を寄生虫に突破されて中枢への侵入を許してしまう。

中枢神経が冒されると、人体は一気に敗色濃厚となる。

脳や髄液にまで広がったトリパノソーマによって、患者は髄膜炎や脳炎を起こし、ひどい頭痛に苦しめられ、睡眠周期は乱れ、精神は錯乱し、意識は混濁し、やがて昏睡状態におちいって全身衰弱で死んでしまう。

トリパノソーマがヒトを昏睡させるのは、ハエがヒトを吸血しやすくするためだろう。哀れな中間宿主の動きを封じて首尾よくハエの体内に戻った寄生虫は、そこで変態・増殖し、次なる犠牲者への侵入に備えるのだ。

もしも感染を放置した場合、ガンビアトリパノソーマは数か月から数年で、ローデンシアトリパノソーマは数か月で、一〇〇パーセントの患者を死に至らしめる。

**✹血液脳関門**
脳血管から脳への物質の移動を選択的に制限する仕組みのこと。脳にとって有害な物質が脳内に侵入するのを防ぐ。

**✹髄膜炎や脳炎**
髄膜炎は脳の周りをおおっている髄膜に、脳炎は脳自体に炎症がおこる病気。その原因は、細菌やウイルス、結核、真菌（カビ）などの病原体が侵入する感染症が主なものだが、自らの免疫作用で作成した自己抗体が脳に炎症を引き起こす自己免疫性脳炎もある。

寄生虫がひとたび中枢神経に入ってしまうと、巻き返しは困難で、いくつか存在している治療薬は劇薬の類いだ。樹脂製の注射器を溶かし、投与した人間の一〇パーセントが死ぬような薬が、半世紀以上前から現在まで使われ続けていて、最近ではこれらの薬剤に耐性をもったトリパノソーマも出現している。

私たち人間は、ウイルスや細菌といった病原体については有効な治療薬やワクチンをそれなりに開発してきた。しかし、寄生性の原虫に対する治療薬やワクチンはろくに開発できていない。

原虫は、私たちと同じ真核生物であり、寄生生活への適応から宿主の免疫システムを回避する能力を備えている。原虫を殺すような薬は多くの場合、私たち人間の細胞にも有害であり、原虫病を予防するワクチンの持続性は低いのだ。

流行地がアフリカというのも不幸である。

世界保健機関（WHO）は熱帯で発生している多くの致死的な感染症を「顧みられない熱帯病（NTDs）」と指定している。ツェツェ・ベルトでトリパノソーマが引き起こしているこの睡眠病も、「顧みられない熱帯病」の一つである。購買力の低いアフリカの患者相手では、

**✺真核生物**
細胞中に細胞核を有する細胞（真核細胞）からなる生物の総称。細胞核をもたない細胞（原核細胞）からなる細菌と藍藻以外は、すべての生物がこれに属する。

新薬を開発したところで売り上げは見込めない。つまり、睡眠病は先進国の製薬企業から見捨てられているのだ。

先にも述べたように、現在に至るまで、トリパノソーマに対しては、特効薬も有効なワクチンも開発されていない。しかし、近年、WHOが主導するツェツェバエ対策――トラップで捕殺したり、不妊化した雄を放虫したりして根絶やしにしようとしている――やスクリーニング検査による患者の早期発見などの活動が功を奏し、二〇〇九年に報告された新規感染者は一万人を切り、二〇一五年には二八〇四人にまで抑え込むことに成功している。

ただ、都市部から遠く離れた地域での流行を考えると、正確な感染者数を把握することはむずかしく、実際の新規感染者は二万人程度はいて、今なお相当数の死者が出ているとも推定されている。

実は過去に一度、睡眠病のある程度の制圧に成功し、新規感染者数も五〇〇〇人以下に大きく減少させたことがある。一九六〇年代のことだ。しかし、その後に訪れたアフリカ諸国の政情不安によって対策の手が緩んだ隙に、睡眠病は再びアフリカの大地にはびこってしまった。

感染者数が大幅に減ってきているのは喜ばしいことだが、決して油断はできない。人間は睡眠病の撲滅に必死だが、ツェツェバエとトリパノソーマも根絶やしにされてなるものかと必死なのだ。

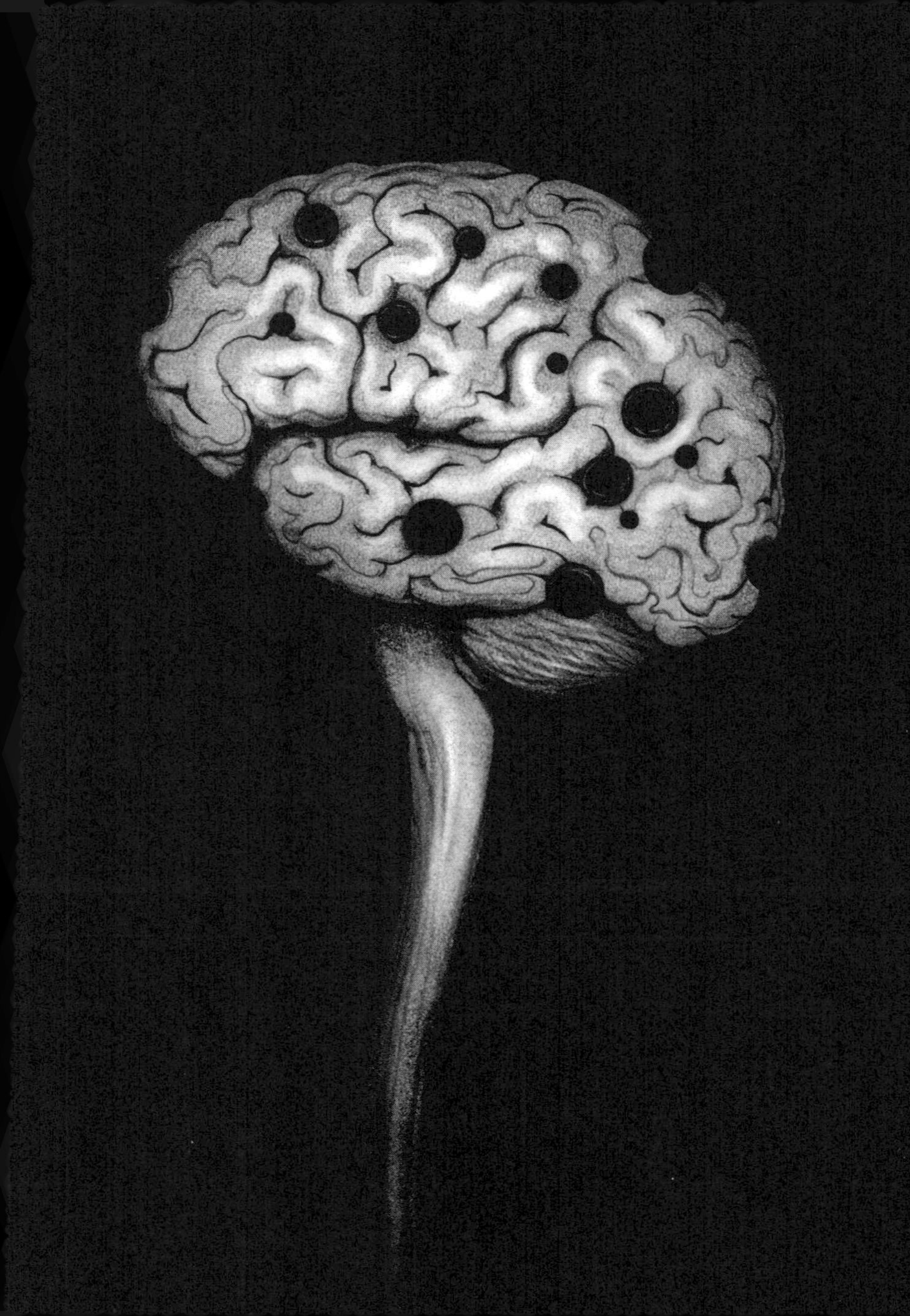

# 脳喰らいアメーバ
# フォーラーネグレリア

*Naegleria fowleri*

その不定形は、手足のような突起を出したり引っ込めたりしながら、あてどもなく這いずっていた。

ゾルからゲルへ、ゲルからゾルへ。

ふいに突起が獲物にふれ、その瞬間まわりを取り囲み、獲物は酵素漬けになる。

分解と吸収、そして、分裂が始まる――。

| 学名 | *Naegleria fowleri* |
| --- | --- |
| 日本語名 | フォーラーネグレリア |
| 分類 | ヘテロロボサ類 |
| 大きさ | 7〜20$\mu$m |
| 宿主 | ヒト |
| 分布 | 世界各地 |

夏の太陽の熱線はその湖を少し縮め、残った水を念入りに温め続けている。水質と水温が条件を十分に満たしていたのだから、それが湖中に潜んでいたとしてもなんら不思議はなかった。

それはとても小さな不定形の生き物で、ヒトの血管を流れる赤血球と同じかせいぜいその倍くらいの大きさである。まわりのものを食べたり、逆に食べられたりしながら、あるものはあたりを這いずり、あるものはプロペラのような構造をつくって速く移動することに専念し、またあるものは泥の底で眠っていた。

目の前に横たわる湖面は太陽を受けて鏡のように輝いていた。光の中で男の子たちが泳ぎ、もぐり、あわよくば魚を捕まえようとしている。この時期の湖ではごくありふれた風景だ。

男の子たちは温泉のようになっている浅場で水の掛け合いを始め、やがてそれは追いかけっこへと発展した。一人の少年が湖底の泥に足をとられて盛大に転ぶ。みんなが笑う。転んで泥だらけになった少年もなぜか誇らしげに、鼻を膨(ふく)らませてにやっと笑った。

とにかく今は思いきり遊ばなくてはならなかった。当然だ。夏休みはもう、指折り数えるほどしか残されていないのだから——。

湖で楽しい時間を過ごした日の翌々日、一人の少年が風邪のような症状で寝込んだ。一番年下の少年だった。男の子たちは自分だけ夏休みを延長しようとしている少年について「あいつうまくやってるな」と噂をし、はじめのうちは彼を羨ましくさえ思った。

しかし、翌週になって少年の体調はおそろしいほど急速に悪化した。彼は激しい頭痛を訴え、嘔吐し、しばしば痙攣を起こして入院した。そして、直後に少年の呼吸は停止し、人工呼吸器に繋がれた状態で昏睡状態におちいった。

当初、細菌の感染で起きた髄膜炎を疑った医師だったが、後の検査で少年の腰椎から採取した髄液に思いもよらぬものを見出し、しばし放心した。

顕微鏡にセットされたプレパラートは、無数の白血球とそれに匹敵する数の単細胞生物で埋め尽くされていたのだ。

その生物は決まった形態をもたず、手足のような突起を出したり引っ込めたりしながら、あたりのものを貪欲に貪っている——。

それはアメーバの栄養体だった。

アメーバの軍勢はもはや圧倒的で、すべては手遅れだった。そもそもこのような病原体に対して医師たちは有効な治療薬をもっていなかった。

✵**アメーバ**
広義には、仮足によって運動する生物または細胞。

昏睡状態だった少年はまもなく心臓が停止し、あっという間に死亡した。

そのアメーバは、フォーラーネグレリアという。

水温二五度から三五度くらいの温かい淡水を好み、世界中の湖や川、沼、温泉、水田、湿った土壌などにごく普通に生息している。消毒が行き届いていないプールや鼻うがいのためのポットにたまった水の中にもいる。

普段のフォーラーネグレリアは自由生活をしているが、まれに水の飛沫にまぎれてヒトの鼻に入り、鼻腔の粘膜から嗅神経を伝って脳に侵入することがある。そして、「原発性アメーバ性髄膜脳炎」という急性かつ致死的な中枢神経感染症を引き起こすのだ。

ヒトの脳に寄生したアメーバは、宿主の生き死になどお構いなしに、その脳細胞を貪り(むさぼり)ながら爆発的に増殖していく。

そして突然の頭痛、発熱、吐き気、嘔吐、項部硬直といった症状の後、痙攣や昏睡におちいり、たいていは死亡する。アメーバの寄生を受けてから五日ほどで症状が出て、その後、死亡まではさらに五日ほ

**✷項部硬直**
仰向けの患者の頭部を持ち上げたときに抵抗があったり、強い痛みを訴える症状

どしかかからない。病理解剖では、患者の脳が原形をとどめないほどに軟化していることもあるという。

フォーラーネグレリアは、脳を溶解させて宿主をほぼほぼ死に至らしめるという邪悪さから、「脳喰らいアメーバ（Brain Eating Amoeba)」とも呼ばれ、世界中で恐れられている。

フォーラーネグレリアのヒトへの寄生は極めてまれで、不運な事故のようなものだが、ひとたび起きればまず命は助からない。病状の進行があまりにも速すぎて、初期診断も初期治療もむずかしく、たいていは死亡後に患者の髄液中にアメーバの栄養体が見出されて診断が下される。

有効な治療薬はいまだ存在していない。

数少ない救命例として、寄生したアメーバの毒性が弱かったとか、たまたま早期に診断が下されて、抗原虫薬の試用と低体温療法によって一命をとりとめたといった幸運なケースが数例報告されているのみである。

アメリカ疾病予防管理センター（CDC）によれば、アメリカでは

のこと。髄膜刺激症状の一つで、髄膜炎などの診断にも用いられる。

**抗原虫薬**
このときはミルテフォシンという経口薬が使われた。

**低体温療法**
脳の代謝を抑えて酸素需要を減らすことで、脳を保護するために行われる。

一九六二年から二〇一九年までの間に一四八件の原発性アメーバ性髄膜脳炎の症例が報告されているが、生存者はわずか四人で、その致死率は九七パーセントにも達する。

悲しいことに、犠牲者の多くが子どもだ。子どもはしばしば湖や川の底の泥にもぐったり、プールなどでウォーターレクリエーションを活発に行ったりするからだろう。

フォーラーネグレリアは、ほかのアメーバと同じように私たちのごく身近に生息している。この日本でも、一九九六年に佐賀県に住む二五歳の女性が感染して、原発性アメーバ性髄膜脳炎の発症から九日後に死亡したことが報告されている。

温暖化によってその生息範囲はさらに広がりつつあるだろう。

ただ、このアメーバをことさらに恐れる必要はない。私たちが彼らの生息地となる湖や川で泳いだとしても、寄生される確率はごく低いし、たとえその際に水を飲んでしまったとしても通常は脳に入り込まれたりはしない。世界における原発性アメーバ性髄膜脳炎の発生件数をみるかぎり、私たちがフォーラーネグレリアに脳を溶かされる確率

**✵水を飲んでしまった**
感染は鼻粘膜、嗅神経を経由して、脳に到達した場合にかぎられるため、飲み込

は、水難事故で死亡する確率よりもずっと低い。

つまり、水温が高い時期に淡水で泳ぐなら、水難事故への備えと同じ程度に、この脳喰らいアメーバに対して注意を払っておけばいい。たとえば、ライフジャケットの着用に加えてノーズクリップを装着しておくだけで、より安心して泳げるはずだ。

んで感染することはないとされている。

# 恐るべき住血の夫婦
# 日本住血吸虫(にほんじゅうけつきゅうちゅう)

Schistosoma japonicum

中の割に嫁に行くには　買ってやるぞや　経帷子(きょうかたびら)に棺桶
竜地　団子に嫁に行くには　棺桶を背負っていけ
（甲府盆地の古い里謡(りよう)）

汗ばむ陽気のなか、村では全身たくましく日焼けをした農夫たちが素足で田植えをしている。その傍(かたわ)らの畦(あぜ)では手綱に繋がれた牛が、雑草をのんびりと食(は)みつつ、ときどき田んぼの水で喉(のど)の渇きを癒やしていた。近くをゆるやかに流れる川では女が洗濯をしていた。同じ川で裸の子どもたちが水遊びをしながら歓声を上げている。

彼らの手や足の下、水の底に、膨大な数の巻貝が潜んでいた。その貝から、二叉の尻尾をもった、人の目に見えるか見えないかと

| 学名 | *Schistosoma japonicum* |
|---|---|
| 日本語名 | 日本住血吸虫 |
| 分類 | 吸虫類 |
| 大きさ | 雄成虫12～20mm　雌成虫25mm |
| 宿主 | 中間宿主：ミヤイリガイ<br>終宿主：ヒト、イヌ、ネコ、ネズミ、ウシ、ウマなどほ乳類 |
| 分布 | 東アジア、東南アジア |

いった大きさの生き物が大量に泳ぎ出ていた。

それらは程なくして水面に上がり、動きを止めてじっと待つ。もうすぐ「終の住処」が手に入るのだ。

何も知らない農夫が、牛が、女が、子どもたちが、水にむきだしの肌を浸す。水面で静止していたものたちが一斉に動き出し、その皮ふに体当たりをし始めた——。


日本住血吸虫は終宿主の腸管と肝臓を繋ぐ門脈に棲みつき、赤血球を食みながら生きる寄生虫である。

吸虫類にしてはめずらしく雄と雌があり、成虫は雌雄が抱き合って生涯を仲むつまじく過ごす。

腸管と肝臓を繋ぐ門脈は、体のなかで最も栄養に富んだ場所だ。日本住血吸虫の夫婦は、ここで思う存分に栄養を吸収し、雌は日に何千もの卵を産み続ける。たいてい終宿主の体内にはこの寄生虫の夫婦が複数寄生しているから、血液中に日々産み落とされる卵は、数万、数十万という単位になる。

これで宿主に悪い影響が出ないわけがない。

**✵門脈**
消化管、膵臓、脾臓、胆嚢からの静脈血を集めて肝臓に送り込む静脈幹。

**✵雌雄が抱き合って**
雄の腹側には縦に走る溝があり、雌はそこに入り込む。住血吸虫の属名はラテン語の*Schistosoma*で表されるが、*schisto-*は裂けた、*-soma*は体を意味し、これは雄の体の構造に由来している。

大量の卵が門脈をはじめとする各所の血管を詰まらせ、強い炎症を引き起こすため、宿主は肝肥大や肝硬変を起こす。そして、腹水がたまり、貧血、栄養障害、消化器障害などで衰弱し、何もしなければ数年のうちに死んでしまう。

これが、日本住血吸虫が引き起こす病、日本住血吸虫症である。

寄生された人間は排せつのたびに寄生虫の卵をまき散らす。

そこが農村であれば、村人が排せつした虫卵混じりの糞便は肥料として水田や田畑にまかれ、それらを耕す牛などの家畜もあたりに糞を垂れ流すので、一帯の水場が寄生虫の卵で汚染される。

水中に落ちた卵から幼虫がふ化して、中間宿主であるミヤイリガイに侵入する。幼虫はミヤイリガイの中で増殖、発育し、やがて二叉の尾をもったセルカリアという幼虫が大量に泳ぎ出てくる。

このセルカリアがヒトやウシなどほ乳類の体表に付着すると、酵素を使って皮ふを貫き、体内へともぐり込んでくる。その後、血流に乗って門脈まで移動すると、雄と雌はつがいをつくり、抱き合った状態でその場所に吸いつく。

✺**ミヤイリガイ**
一九一三年にこの巻貝が日本住血吸虫の中間宿主であることを発見した宮入慶之助博士の功績をたたえて名づけられた。カタヤマガイとも。

そして、すでに大人となっている寄生虫の夫婦は、その終の住処で残りの一生を子作りにはげむのだ。

かつて日本には、山梨県甲府盆地をはじめとして、広島県片山地方、静岡県富士川流域、九州筑後川流域、関東利根川流域など複数の日本住血吸虫の生息地があった。

患者は、手足がやせ細り、顔色は悪く、粘血便を出し、水のたまった腹が一メートルほどにまで膨(ふく)れ上がる。やがて、異様な姿のまま動けなくなり、数年のうちに死ぬ。人だけでなく牛馬までもが死ぬ。

水腫脹満(すいしゅちょうまん)――日本住血吸虫がまだ発見されていなかったころ、国内最大の流行地であった甲府盆地の農民は自分たちを先祖代々苦しめるこの病気をそう呼んでおそれた。

日本住血吸虫がいつから山梨県にいたのか、さだかではないが、信玄公の家来が住血吸虫症にかかったというような記述が一六〇〇年代の軍学書『甲陽軍鑑』に記されている。おそらくは、もっと昔から存在していたのだろう。

信玄公の時代から四世紀が経った一九〇四年（明治三七年）、多く

✷**甲陽軍鑑**
武田氏の事績、心構え、軍法、合戦などが記された軍学書。「武士道」の初出史料としても知られる。

の医師、科学者、そして自らの死後の献体を申し出た患者の献身によって、ようやく水腫脹満の原因として日本住血吸虫が見出され、その生活環が解明されたのだった。

中間宿主であるミヤイリガイをなくせば、日本住血吸虫の生活環を断つことができ、この病気を根絶できる――かくして、全国の流行地で徹底的なミヤイリガイの駆除が行われた。

住民への啓蒙活動に始まり、水中のミヤイリガイを箸でつまんで取り除くという人海戦術、殺貝剤の大量散布、火炎放射器での熱消毒、そして、極めつきは溝渠（こうきょ）の三面コンクリート化……さまざまなミヤイリガイ駆除計画がおよそ一〇〇年にわたって実行された。その結果、一九七六年の患者を最後に、新たな感染例は報告されなくなり、山梨県は一九九六年に日本住血吸虫症の終息を宣言した。

こうして日本は、世界で唯一、日本住血吸虫症の根絶をなしえた国となった。国内の日本住血吸虫は、今となってはわずかに研究施設で飼育されているのみである。

**✹ミヤイリガイの駆除**
ミヤイリガイ大撲滅事業を行った筑後川を有する久留米市には、「宮入貝供養碑」が建てられており、人為的に撲滅されたミヤイリガイの霊が弔われている。

**✹溝渠**
小規模な水路のこと。溝渠の側面と底をコンクリートでおおうことで、水の流れが速くなりミヤイリガイが産卵できなくなる。

人にあだなす住血吸虫は、日本住血吸虫一種だけではない。

世界に目を向けてみれば、膀胱や肛門の静脈内に寄生するビルハルツ住血吸虫、日本住血吸虫と同じく門脈に寄生するマンソン住血吸虫、メコン住血吸虫、インターカラーツム住血吸虫といった四種も、ヒトに成虫が寄生しそれぞれに特有の住血吸虫症を引き起こす。

世界保健機関（ＷＨＯ）によれば、これらの住血吸虫症の流行国は七四か国、感染のリスクがあるのは六億人、感染者は二億人で、うち一億二千万人の病状が進行しており、年間に毎年二万人が死亡しているという。このような患者数の多さから住血吸虫症はマラリア、フィラリアと並んで「世界三大寄生虫病」の一つとされている。

これらの流行国では、日本の住血吸虫症の撲滅成功にならい中間宿主である淡水産巻貝の駆除が試みられている。また、一九七九年にはドイツの製薬企業バイエル社によってプラジカンテルという体内の成虫に効く特効薬が開発され、多くの患者の命を救っている。

しかし、開発途上国のなかには、新たにつくられたダムなどの人工湖や灌漑用水路で中間宿主の巻貝が爆発的に増殖し、そのような環境では住血吸虫が生息域を拡大している。

**✳プラジカンテル**
ＷＨＯが開発途上国で最小限必要な医薬品として策定する「ＷＨＯ必須医薬品モデル・リスト」に採用されている（第二一版）。

日本住血吸虫症を克服した日本にしても、いまだミヤイリガイの生息地が残っているし、中国の揚子江流域やフィリピン、インドネシアなどには、今も日本住血吸虫が存在している。

それらの地域からの人間や動物の移動によって、再び国内に日本住血吸虫症が復活する可能性がないともいえない。

生活環が明らかにされ、特効薬ができても、人類とこの血の中に棲む夫婦との闘いはなおも続いているのだ。

# やんちゃ坊主とやっかいな同居人
# アライグマ回虫(かいちゅう)

Baylisascaris procyonis

大自然のなかで出会った小さな友だち。
彼らの間には愛と友情が芽生え、
手を取り合うその姿を祝福するかのように
傍(かたわ)らでウサギがクルクルと回っている——。

だんだら縞の入った尻尾、キラキラと光るつぶらな眼、それをふちどる黒いマスク、両手を器用に使う様子……アライグマはそんな一見して愛らしいほ乳類だ。

もともとはカナダ南部から南アメリカ大陸北部にかけて生息する動物で、特に北アメリカ大陸では身近で普通にみられる。その愛らしさから、アメリカやカナダではペットとして飼われることも多く、小説『はるかなるわがラスカル』——一九七七年には日本で本作を原作

| 学名 | *Baylisascaris procyonis* |
|---|---|
| 日本語名 | アライグマ回虫 |
| 分類 | 線虫類 |
| 大きさ | 雄成虫10cm 雌成虫20cm |
| 宿主 | アライグマ |
| 分布 | 主に北アメリカ |

✷**両手**
アライグマの手足の指は人間と同じく五本あり、物を両前足で器用に持つことができる。ザリガニなどの水

とするアニメーション作品『あらいぐまラスカル』が放送された——では、少年時代の作者とペットのアライグマとの一年ほどの交流が描かれている。

ちなみに、アライグマはその見た目の愛らしさとは相反して、成獣になると獰猛（どうもう）になる。『はるかなるわがラスカル』においても、赤子のうちこそ愛玩動物として振る舞っていたラスカルだが、やがて近隣のトウモロコシ畑を荒らすようになり、飼い主の言うことを聞かなくなり、半年もせずに首輪と革ひもで繋がれ、檻での生活を余儀なくされている。

その後も、興奮して人間を噛み、檻から抜け出して鶏舎を襲撃——アライグマは小動物を捕まえて食べる——するに至り、飼われ始めてから一年もたたずに持て余されて森へと戻されている。

つまり、本来、アライグマはペットとして人間の生活圏内に置いておくには、まったくもって不適な動物なのだ。

実際のところ、アライグマが定着している土地では、農作物が食い荒らされたり、住居に侵入されて傷をつけられたり、汚物をまき散らされたりする被害が後を絶たず、その扱いは「害獣」である。

生生物が好物で、川底にいるそれらを手探りで探す様子が手を洗っているように見えることから「アライグマ」という和名がつけられた。英語名は「racoon」で、これはネイティブアメリカンの言葉で「手でこするもの」を意味している。

**✺はるかなるわがラスカル** 一九六三年にアメリカ人作家のスターリング・ノースが発表した自伝的小説。ウィスコンシンを舞台に、作者とアライグマのラスカルの出会いから別れまでのエピソードを語っている。

**✺あらいぐまラスカル** フジテレビ系列「カルピスこども劇場」（後の「世界名作劇場」）の枠で全五二話が放送された。一九七六年の『母をたずねて三千里』に続く作品。日本アニメーション制作。

そんなやんちゃなアライグマであるが、野生生物であるからには、その体の内外に多くの寄生生物が潜んでいる。

その一つが、アライグマの小腸に寄生するアライグマ回虫だ。

回虫(蛔虫)は大型の寄生性線虫で、イヌにはイヌ回虫が、ネコにはネコ回虫が、ブタにはブタ回虫が、アライグマにはアライグマ回虫が、そしてヒトにはヒト回虫が……というように、およその脊椎動物にそれぞれの種に適応した回虫が存在する。

名前に入った「回」という文字が表すように、回虫は宿主の体内をグルリと回る寄生虫だ。

糞便にまぎれた回虫の卵が宿主の口に入ると、ふ化した幼虫は小腸から肝臓を経由して一度肺に行き、そこである程度発育した後、気管支をのぼり、再び飲み込まれて小腸へ戻る——というように、複雑な体内めぐりの旅を終えてようやく雌雄の成虫となる。

その後は、体のほとんどを占める生殖器を懸命に働かせて、雌は毎日数十万個の卵をつくり続け、受精卵を宿主の糞便にまぎれ込ませる。

**✹回虫**
線形動物門双腺綱回虫目に属する寄生性線虫の一群。細長い体内には消化管が直走し宿主の腸内で消化されたものを吸収する。雌雄異体で、雄は雌より小さい。

**✹ヒト回虫**
学名は*Ascaris lumbricoides*。寄生されてもたいてい害は小さいが、寄生した回虫の数が多いと、腹部痙攣や場合によっては腸閉塞が起こることもある。また、盲腸や胆管、膵管などに迷い込んで激しい腹痛を引き起こすことも。

回虫の卵はとても丈夫で、環境中に広がりながら何年も生存し、次の宿主の口に入るのを待ち続けるのだ。

ヒト回虫は人類に最も身近な寄生虫である。虫の体長が二〇～三〇センチと大きくて目につきやすいことから、すでに紀元前には知られており、現在でも世界中で約一四億人、地球上の全人口の五人に一人が寄生されているといわれている。衛生管理が行き届いている現在の日本ではあまり見られなくなっているが、第二次大戦直後には国民の七〇パーセントがヒト回虫に寄生されていた。

長い年月を宿主とともに進化してきた寄生虫なので、たいていは放置していても命に別状はない。宿主に害をもたらすことは、たいていの寄生虫にとってもいいことではないからだ。

アライグマ回虫も、アライグマにとってはよくある寄生虫であり、適応した宿主であるアライグマには目立った害を与えない。

しかし、アライグマの森の仲間である、ネズミ、ウサギ、リス、ニワトリなどがアライグマのトイレ――アライグマは複数でトイレを共

**✵現在の日本では** かつて国民病とまでいわれた回虫症だが、野菜の栽培に人糞が使われなくなり、また水洗トイレが普及したことで、日本国内のヒト回虫はほぼ駆逐された。最近は海外から輸入された生野菜からと考えられる寄生が散発的に見つかっている。

用し、そこには膨大な数の寄生虫の受精卵が潜んでいる——をあさり、この寄生虫の卵を飲み込んでしまった場合は話がちがってくる。

卵から孵(かえ)ったアライグマ回虫の幼虫は、アライグマならざる生物の体では成虫になれない。そのため、幼虫の姿のまま、まるで出口を求めるかのようにその体内を徘徊するのだ。「幼虫移行症」と呼ばれる、想像するだけで身のすくむ不気味なこの現象は、その想像どおりアライグマならざる宿主に致命的な害を与える。

寄生虫としては大型の二ミリ近い幼虫が体内の各所を冒し、脳へと侵入し、動き回って深刻な損傷を与えると、ネズミやリスは一定の方向にクルクルと回り続けたり、首を傾けたまま動いたり、文字どおりの七転八倒をしたりと異様な行動をとるようになる。

これはアライグマ回虫にとって好都合で、幼虫に中枢神経を冒された森の仲間——餌ともいう——は、強力な捕食者であるアライグマにたやすく捕まり、頭からバリバリと食べられてしまう。

こうして、いっとき本来の宿主ならざる生物に取り込まれてしまった幼虫だったが、足掻(あが)きに足掻いてアライグマの体内にたどりつき、満を持して成虫となるのだ。

悪いことに、森の仲間たちの身に起きたことと同じような災難が、私たちの身にも起こり得る。

人間はわざわざアライグマのトイレをあさったりはしないが、アライグマが身近に多数生息しているアメリカでは、自宅の庭の芝生の上を這い回って遊んだ幼い子どもや、野山を駆け回った猟師が感染した事例が報告されている。抗線虫薬もなくはないが、効果があるのは寄生された直後のみで、脳へ侵入されて中枢神経障害に気づいたころには手遅れだ。患者はおびただしい数の幼虫に脳を傷つけられて死亡するか、辛うじて一命を取り留めても、重い後遺症が残ったり失明したりする。

脳をいくら冒されたところで、ヒトがネズミやリスのようにアライグマに食べられることはないわけで、幼虫たちの努力は決して実らないが、それでも彼・彼女らは宿主と共倒れになるそのときまで、諦めずに人体という袋小路を彷徨(さまよ)い続ける。

本来は日本に生息していないはずのアライグマだが、ペットとして輸入されたものが捨てられたり、飼育施設から逃走したりして野生化し、すでに国内に相当な数——もともと繁殖力が強いうえ日本には天敵が存在しないことがよくなかった——が定着し在来の生態系や農林水産物、文化財などへ被害を及ぼしている。

すでに、環境省は二〇〇五年にアライグマを特定外来生物に指定し、学術研究を除いては、日本国内への持ち込み、販売、譲渡、飼育、運搬などを禁じている。幸い、現在までに日本国内の野生化したアライグマからアライグマ回虫の卵は見つかっていないが、一方で一九九三年には国内の動物園で飼われているアライグマの四〇パーセントにアライグマ回虫の寄生が確認されている。今後、日本国内の野生化したアライグマにもアライグマ回虫がまん延しないとはかぎらない。

私たちは、そのやっかいな同居人によってヒトに死をもたらすことすらある動物を、すでに招き入れてしまったのだ。

海外の珍しい生物を興味と欲望の赴くままに安易に持ち込んだ、そのつけの大きさはいかほどか——。

**✷ペットとして輸入**
一九九七年四月から九九年七月までの輸入頭数は約五〇〇〇頭で最盛期の数分の一程度まで減少したが、『あらいぐまラスカル』放送以降の約二〇年間の輸入頭数は、少なく見積もっても数万頭に達する。

**✷特定外来生物**
海外を起源とする外来生物のうち、日本の在来生物の生態系、人の生命・身体、農林水産業へ被害を及ぼすおそれのある生物。外来生物法に基づき、環境省が指定している。

Demodex spp.

# 顔を這いまわる無数の蟲
# ニキビダニ

八本脚のとても小さな蟲たち。
這いまわり、群れ、もぐり込み、貪る。
そして卵を産み、二、三日で、新しい仔虫が現れる。
これは妄想の話ではない。

| 学名 | *Demodex folliculorum* / *Demodex brevis* |
|---|---|
| 日本語名 | ニキビダニ／コニキビダニ |
| 分類 | ダニ類 |
| 大きさ | 0.2〜0.4mm |
| 宿主 | ヒト |
| 分布 | 世界各地 |

寄生虫妄想症という精神疾患がある。自分の体に、ダニ、シラミ、ノミ、蠕虫といった寄生虫がいるという妄想であり、患者は実際には存在しない小さな虫が体を這いまわり、皮ふを刺し、もぐり込み、体の中で毒を分泌している——そう強く思い込む。マッチ箱などの容器に、身のまわりの土や埃、糸くず、髪の毛、はがれた皮ふ、かさぶたといった「標本」を集め、医師の元に持参することもある。

✺**寄生虫妄想症**　一九三八年にスウェーデンの神経科医・エクボム医師が最初に発表したことからエクボム症候群とも呼ばれる。

この疾患は脳で過剰になったドーパミンと関係しているという説があり、コカインやアンフェタミン（覚醒剤）といった薬物の乱用が症状を誘発するともいわれている。

映画やドラマなどでは、重度の薬物依存症患者を手っ取り早く表現する方法として「体の中に虫がいるんだよぉ！」と何もない腕などを掻きむしる演出が定番だ。

気のせいであるといえばそれまでのことではあるが、当人には実際に虫が体を這いまわるリアルな感覚があり、その感覚を取り除くために、皮ふを掻きむしったり、削ったり、ひどいときには切り刻んだりする。妄想のなかの虫から完全に逃れるために、自ら命を絶つ者もいる。

根本的な治療の方法はなく、深刻な病気といえる。


「知らぬが仏」——そんな言葉が示すように、世のなかには知らなくてもなんの問題もないのに、知ると気になって仕方がなくなることがある。寄生虫妄想症の人にとって、そして、発症はしていないがその因子を持っている人にとって、これから述べる事実はまさに「知らぬが仏」であろう。

現実に、小さな虫は今まさにあなたの顔に存在している。

その小さな虫はニキビダニという。

正真正銘、妄想ではなく現実に存在する寄生虫だ。ダニといっても肌を刺して吸血する類いのものではなく、ヒトの顔面の毛包（もうほう）や皮脂腺に寄生し、死んだ細胞や皮脂などを食べて生きている。顔に寄生することから「顔ダニ」とも呼ばれており、ヒトの顔には一つの毛包に六〜八匹の群れで寄生するニキビダニと皮脂腺の中に単独で寄生する体の短いコニキビダニの二種が生息している。

体長はいずれも〇・二〜〇・四ミリ、その姿を肉眼で捉えることはできないが、顕微鏡下では棒状の体の前方に四対八本の短い脚が生えた姿が確認できる。

あえて可愛らしいものでたとえれば、そのフォルムは「ムーミン・シリーズ」で知られるフィンランドの作家トーベ・ヤンソンが創造した架空の生き物「ニョロニョロ」に近い。

ニキビダニは世界の約七〇パーセントの人間に寄生しており、その数は一人につき約二〇〇万匹ともいわれている。おそらく、あなたの

**✵ニキビダニ**
ヒトに固有の寄生虫で、毛包虫あるいは毛嚢虫とも呼ばれる。ほ乳類には、それぞれに固有な種のニキビダニ類が棲んでいる。

**✵吸血**
ヒトの血液を吸う種としてマダニやイエダニが知られているが、世界に約五万種いるといわれるダニのうち、吸血する種はわずか一〜二パーセントにすぎない。

**✵ニョロニョロ**
ムーミン世界では、ニョロニョロは白いつやつやした種から生まれる。夏まつりの前の晩に種を蒔くと、ニョロニョロたちが地面から生えてくるとされている。その体は電気をおびているという記述もある。

顔の毛穴、その一つひとつにも、この「あまり可愛くないニョロニョロ」はびっしりと棲みついているのだ。

幸いなことに、この寄生虫は宿主にほとんど害をなさない。

名前に「ニキビ」とついてはいるが、必ずしもニキビの原因になるというわけではなく、健康な顔の皮ふのあらゆる場所にいる。なんらかの理由で免疫力が低下していると増殖し、赤みや痒み(かゆ)をもたらすことはあるが、基本的には死んだ細胞や皮脂を食べているだけだ。

逆に、余分な細胞や皮脂を分解してくれるため、私たちの顔の皮ふのバランスを正常に保つのに役立っているとも言える。

ニキビダニは頬ずりなどでヒトからヒトへたやすく移動する。産まれたばかりの新生児には寄生していないが、多くの場合、親とふれ合ったときに、赤ちゃんはニキビダニを受け取り、寄生を受ける。今あなたの顔で蠢(うごめ)いているニキビダニも、きっとあなたのお父さんお母さんが「かわいいね……」とくっつけた、その頬から移ってきたダニの子孫なのだ。

そうやって、ニキビダニは、ヒトに寄り添い、ともに進化の道のりを歩んできた。そのため、世界各地のニキビダニのDNAを比較することで、人類の系統がたどれるとされている。

この寄生虫は、私たちの肉眼では見えないし、這いまわる気配を感じることもない。そこにいても痒くはない。鳴き声も聞こえない。健康な人間にとってはなんの害もないから、その存在を意識することはまずない。これは、ヒトとニキビダニの双方にとって幸いだった。

もし、実際に数百万匹の小さな虫が四六時中顔を這いまわる感覚が私たちにあり、顔の細胞を貪る気配がし、痒みが起こり、キーキーという大合唱が聞こえたら——。

ヒトはとても正気ではいられず、なんとしてもこの虫たちを顔から排除しようとしたはずだ。

**✷ニキビダニのDNA**
さまざまな地域のニキビダニのDNA調査で、世界には主に四つの異なる系統のニキビダニの存在が報告された。

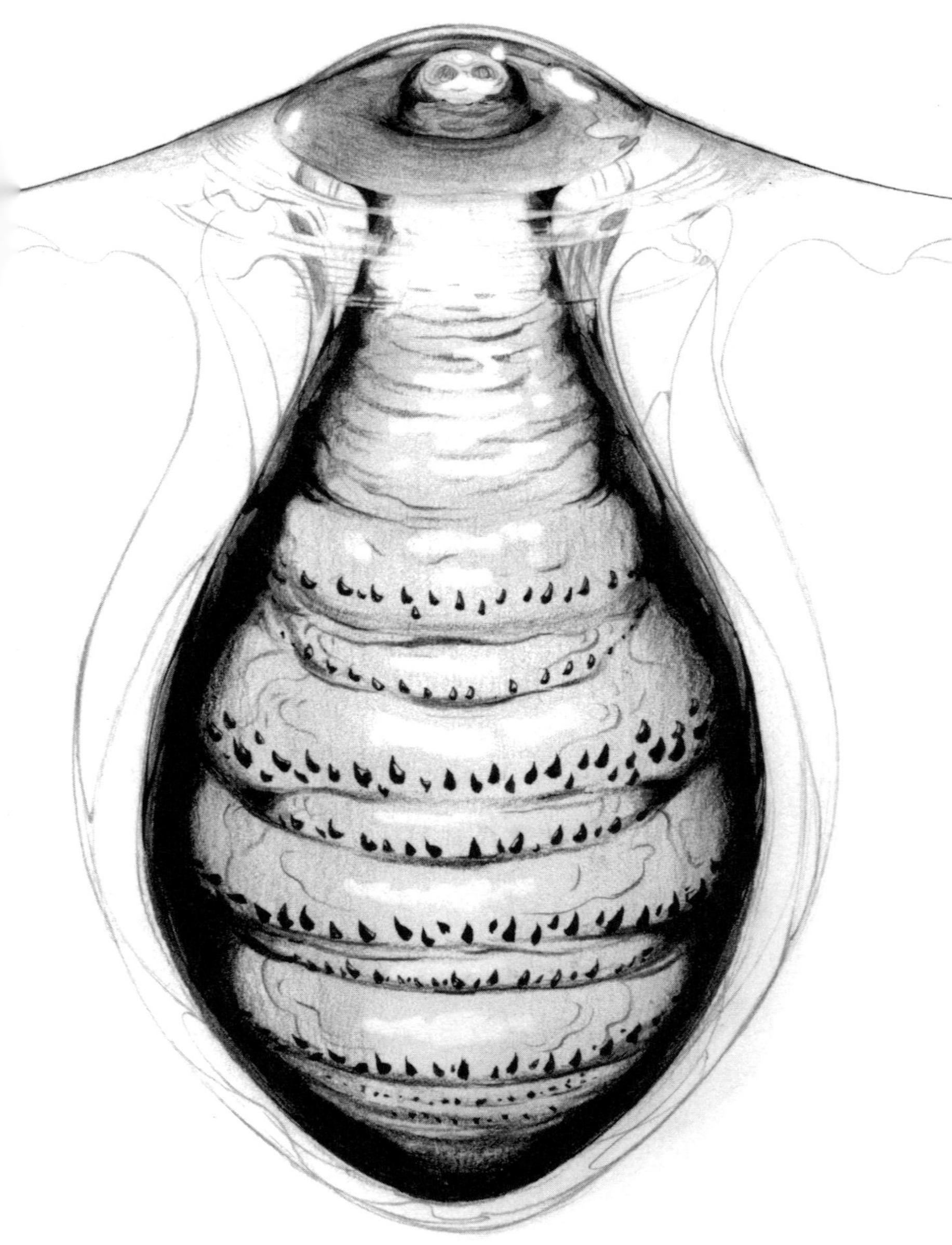

# おぞましき熱帯
# ヒトヒフバエ

Dermatobia hominis

温かくて居心地のいいねぐら。
そして、周囲は全部肉。
今日も肉、明日も肉、明後日も……
このすごい肉の塊ときたら！
いつだって生鮮で、
ひねもす食らって減りもしない！

アマゾンの熱帯雨林。滔々（とうとう）と流れる水量豊かな河川の支流をボートで進むあなたは、大自然の多様性とどこまでも続く美しい緑にただただ圧倒されている。

このジャングル・クルーズに臨むにあたって、注意すべきことは事前にしっかりと学んできた。

**✹アマゾン**
南アメリカ大陸のアマゾン川流域に広がる、世界最大面積の熱帯雨林。

| 学　名 | *Dermatobia hominis* |
|---|---|
| 日本語名 | ヒトヒフバエ |
| 分　類 | 昆虫類 |
| 大きさ | 成熟幼虫18〜24mm 成虫12〜18mm |
| 宿　主 | ヒトなどのほ乳類、鳥類 |
| 分　布 | 中南米 |

あなたは思い切った冒険旅行に繰り出すようなロマンチストでありながら、一方では相応に分別のある用意周到な人間で、準備を怠ることはないし、秘境でうかつな行動をするような心がけがなっていない人々とはちがう。

水と食料は安全なものを自分で用意してきたし、野生の動植物には決して手を触れない。川の水にも触らない。泳ぐなんてもってのほかだ。どんな病原体が潜んでいるかわかったものじゃない。

注意すべきは蚊をはじめとする吸血昆虫だ。

高温多湿の熱帯雨林はとにかく蚊が多い。単に血を吸われるだけならまだしも、それらは種によっておそろしい数々の病原体を媒介することもある。マラリア、デング熱、ジカウイルス感染症、リンパ性フィラリア症、黄熱……いずれも、蚊が媒介し、場合によっては命を落とすことさえある病気だ。

むろんあなたは、蚊への対策も怠らない。できるだけの予防接種を受け、長袖と長ズボンを着用し、露出している肌には虫除けのクリームを塗っていた。

それでも、熱帯雨林の素早い蚊は、あなたが暑さと湿度に耐えて着ている長袖の隙間から入り込んでは腕の血を吸っていく。あなたは痒みにストレスを覚えながらも、「できるだけのことはやっている」と自分を納得させる。これ以上はどうしようもない。

そして、眼前に広がる雄大な自然に改めて心を向け、むかし読んだクロード・レヴィ＝ストロースの『悲しき熱帯』に想いを馳せているうちに、いつしか蚊のことは気にならなくなっていく。

すべての蚊がおそろしい病気を媒介しているわけではない。相応の対策の甲斐もあって、幸いあなたはアマゾンで致死的な病原体と遭遇することはなかった。

✸クロード・レヴィ＝ストロース
フランスを代表する思想家、社会人類学者。アマゾン一帯の少数民族を研究し、その体験をもとにした自伝的紀行『悲しき熱帯』は、後に構造主義と呼ばれる現代思想の体系の嚆矢となった。

帰国したあなたは、再び日常生活に戻っている。

以前と変わらず仕事にはげみ、ときどき写真を見返してアマゾンでのツアーの経験を思い出しながら、どこか精神的に一皮むけたような気持ちで過ごしていた。

しかし、帰国から一〇日ほどが経ったころ、あなたは腕に違和感を覚える。おそらく蚊に刺されたであろう腕の赤く腫れた部分が、なぜかまだ治っていなかった。

腫れの中心部には何やら固いしこりのようなものがあり、皮ふに開いた小さな穴からは絶えず血漿（けっしょう）が染み出している。また、当初の痒みは、ときどき鋭く刺すような痛みを伴うようになっていた。まるで皮ふを内側から小さく削られているようであった。

そのうちに、あなたは皮ふの下で何かがもぞもぞと動いていることに気づく。

それは、二週間前にあなたの血を吸った蚊の、おぞましき置き土産であった。

ヒツジバエ科に属するヒトヒフバエは、その名のとおり、ヒトなど温血動物の皮ふに寄生して、その内側を食べて育つハエだ。体長は、台所などに現れることがあるショウジョウバエのおよそ五～六倍、一二～一八ミリと大型である。

メキシコからアルゼンチンあたりの熱帯地域に多く分布するこのハエは、静かに飛ぶのがあまり上手ではなく、宿主に近づこうとしたところで追い払われてしまいがちだ。そこで、彼らは宿主への接近に蚊

**✺ショウジョウバエ** ショウジョウバエ科に属するハエの総称。体長二～四ミリ程度と小さいハエで眼は一般に赤い。発酵した物を好み、酒だるなどにもよく集まるので酒飲みの妖怪

やアブ、ダニといった吸血昆虫を利用する。空中でそれらを捕まえて腹部に自らの卵を産みつけ、運び屋に仕立て上げるのだ。

運び屋となった蚊が人間の血を吸うとき、人肌に付着したハエの卵が湿気と温度でふ化し、中から現れたウジが刺し傷から宿主の体内へともぐり込む。

ウジはヒトの体内で二度の脱皮を行い、その尾部にある呼吸器官だけを宿主の肌の外へと出し、宿主の皮ふの中にある体はとっくり状になる。とっくりの外側には黒い棘(とげ)が帯状に生えていて、この棘でウジは宿主の皮ふの下にその体を固定する。

そうやって、温かくて栄養豊富な居を構えたウジは、周囲の皮下組織を食べながら成長していき、一〜三か月かけて全長一〜二センチの大きさにもなる。そうやって十分に肥え太ると、ウジは宿主の体から這い出て地面に落ちる。

そして、土の中で蛹(さなぎ)になり、羽化して成虫となるのだ。

皮下に寄生したウジの多くは外科手術で摘出できるし、抗寄生虫薬のイベルメクチンを飲めば体内のウジは死ぬ。

「猩々」にちなんで名づけられたとされる。

✹**イベルメクチン**
抗寄生虫薬。北里大学の大村智博士が発見と開発に携わった。

そして、たいていの場合は医者にかかる必要もない。呼吸のために皮ふに開けられた穴を塞げばウジは窒息してしまうので、十分に弱るか死んだところで、すみやかにピンセットで尾部をつかんで引き抜けばいい。ニキビを潰すように押し出してもいいだろう。

穴を塞ぐにはある程度の粘度と密度を持つ液体が適している。ワセリンがよく使われるが、現地ではバターを使って対処することもあるようだ。

だが、元気なままのウジを引き抜こうとすることは、あまりおすすめできない。なぜならウジは、体に帯状に生やした側棘を最大限に突っ張って、快適な住処からつまみ出されぬよう全力で抵抗するだろうからだ。

✵**穴を塞ぐ**
閉塞の方法には多数あり、ワセリンのほかにマニキュア液、ベーコン、ペースト状のタバコなどが使用されることもある。

このように、ある種のハエの幼虫が皮ふに寄生して生じる病気を「ハエ幼虫症」という。ヒトに寄生するヒトヒフバエ、ヒツジに寄生するヒツジバエ、ウマに寄生するウマバエなどのほか、偶発的に寄生したさまざまなハエが引き起こす。

幸い、ヒトヒフバエについては、寄生部位が皮ふの下にかぎられているし、ウジが生きているうちは傷口が感染症を起こすこともほぼない。熱帯雨林の蚊が運んでくる病気としては人体への害が小さい方だと言えるだろう。

しかし、自分の体が大きく醜いウジに生きながら食べられていくというおぞましさに、心が掻き乱されない人間がいるだろうか！

**✺人体への害**
ハエの種類によっては、ヒトに寄生したウジが組織の深部や脳に入り込み、致死的となるケースもある。

# 暴れる一寸法師アニサキス

Anisakis simplex

鬼は一寸法師をつまみ上げて、
ぱっくり一口に飲んでしまいました。
一寸法師は鬼のお腹の中をやたらにかけずり回りながら、
ちくりちくりと刀でついて回りました。
鬼は苦しがって、「あッ、いたい。あッ、いたい。
こりやたまらん」と地べたをころげ回りました。

| 学名 | *Anisakis simplex* |
| --- | --- |
| 日本語名 | アニサキス |
| 分類 | 線虫類 |
| 大きさ | 幼虫2～3cm 成虫5～20cm |
| 宿主 | 中間宿主:オキアミ<br>待機宿主:サバ、タラ、イカなど<br>終宿主:クジラ、イルカなど |
| 分布 | 世界各地 |

奮発した自家製のサバの押し寿司を食べてから半日もしないうちに、彼女は突然、具合が悪くなった。鳩尾(みぞおち)のあたりにキリキリと差し込むような痛みを感じたと思ったら、すぐにそれは激烈なものとなり、彼女は大量の脂汗を流しながら台所の流しで吐いた。

✷**鳩尾**
人間の急所で胸骨の下のくぼんだ所のこと。水落(みずおち)のなまりとされる。「鳩尾」の表記は鎧の胸板に取りつける付属品「鳩尾の板」に由来する。

体に何か重大な異変が起きている——。

胃が空になるまで吐いても痛みは治まる気配を見せず、彼女はたまらず病院に駆け込んだ。そして、医者に最近食べたものを問われたとき、何時間か前にサバの押し寿司をつくって食べた、ということを呻きながら伝えた。

それだけの問診で何かを察した医者は、いそいそと準備を始めながら、「たぶん、見たことのないものが見られますよ」と言った。押し寿司が原因なの？　いやでも、これ以上ないくらい新鮮な材料でつくったはずなのに。

肩に鎮静剤を打たれ、鼻の奥に麻酔薬を吹きつけられた後、彼女はベッドに寝かされて鼻から細長いカメラを差し込まれる。医者はモニターを見ながら手慣れた手つきでカメラを操り、ほどなくして、ああ、やっぱりいたと呟いた。

「ほら見てごらんなさい。寄生虫ですよ」

寄生虫？　虫？　なんでそんなものが私のお腹の中に——彼女が想定外の言葉にぽかんとしていると、目でモニターを示しながら医者は続けた。

「サバについていたんでしょうな。アニサキスですよ」

彼女が目線をモニターに向けると、そこでは半透明の白い糸のようなものが、その先端をしっかりと彼女の胃壁に食い込ませて、のたくっていた。

彼女が食べたサバの身には、アニサキスという寄生虫の幼虫がもぐりこんでいた。この幼虫はサバ、スケトウダラ、スルメイカ、カツオなど、日本で獲れる実に一五〇種以上の魚介類の内臓や筋肉にとりついている。これらの魚介類を生食すると、生きたアニサキス幼虫はヒトの体に害をなす。場合によっては、死んでいてもだ。魚介類を好んで食べる私たち日本人をしばしば苦しめ、その悪名を日本中に轟（とどろ）かせている寄生虫だ。

アニサキスの生活環は海の食物連鎖と密接に関わっている。

成虫はクジラやイルカといった海生ほ乳類を終宿主としており、その胃壁に頭を突っ込んで寄生している。

終宿主の糞とともに海に放出された卵が水中で発育し、ふ化した幼虫はオキアミなどの甲殻類に食べられてその体に寄生する。この小さ

**✺海生ほ乳類**
アニサキスの仲間にはクジラやイルカのほか、アザラシやオットセイなどを終宿主とする種もいる。本来の宿主に対しては、アニサキスは多少の栄養を奪う以外に特段の害を与えている様子はない。

**✺オキアミ**
軟甲亜綱オキアミ目に属する甲殻類の総称。形態はエビに似ており、海中を浮遊生活している。

な甲殻類は、海の食物連鎖の土台のようなもので、多くの魚や海生ほ乳類の餌としての役割を果たしている。

そんなオキアミがたとえばサバなどに食べられると、アニサキスの幼虫はそれらの内臓の表面や腹腔内にとぐろを巻いてとどまり、終宿主であるクジラやイルカに食べられるチャンスをじっと待つ。そして、このサバがクジラやイルカに食べられると、満を持して出てきた幼虫たちがこれらの海生ほ乳類の胃壁にとりつき、一〇センチほどの成虫となるのだ。

ちなみに、中間宿主であるオキアミが、直接クジラに食べられてもアニサキスは成虫になることができる。つまりサバはアニサキスの生活環にとって絶対に必要な宿主というわけではないが、食物連鎖の流れに乗ってサバの体内に集結していれば、まとまった数が最終目的地に到達するのに都合がいいのだ。このような宿主のことを「待機宿主」という。待機宿主の範囲の広さがアニサキスの寄生虫としての強みであり、時としてその強みが人間、そしてアニサキスを不幸にする要因にもなる。

**✹待機宿主**
寄生虫の生活環において、中間宿主と終宿主の間に介在することにより、終宿主への感染機会を増加させる役割を果たす動物。待機宿主の体内では変態や発育を行わず感染力を保持し続け、終宿主への感染を待つ。

もちろん、海の中に人間はいないが、人間はこの食物連鎖にめったやたらと割り込んでくる。この特異な陸生ほ乳類がアニサキスの待機宿主を生食して、彼らを生きたまま飲み込んでしまうことが不幸の出発点だ。

本来、ヒトはアニサキスの終宿主ではないから、その胃に入った幼虫は成虫になることができず、数日から長くても一週間ほどで死滅する。しかし、必死に生きようと足掻（あが）くアニサキスは、私たちの胃壁や腸壁に頭を突っ込んで、患部に炎症やむくみ、激烈な痛みを引き起こすのだ。

このとき、患部では物理的な刺激に加えて、アニサキスの虫体や分泌物へのアレルギー反応も起きているとされる。昔からサバなど青魚を食べた後にじんましんが出る人のいることが知られているが、これも青魚の体内に潜んでいたアニサキスが起こすアレルギー症状だと考えられている。この場合、アニサキスは生きていても死んでいても、アレルゲンとなり得る。

アニサキスが生きて胃壁に食いついている間、患者は激しい腹痛、嘔吐などに苛（さいな）まれるが、内視鏡検査でアニサキスを取り除いてしまえばたいていは事なきを得られる。まれに不運が重なると腸まで進んだアニサキスが腸閉塞を引き起こし、開腹手術が必要となることもある。さながら一寸法師のような暴れぶり、これがいわゆる急性アニサキス症である。

成虫がクジラの胃に棲んで平気な寄生虫だから酸には強く、食材を多少の酢で締めたところでこの一寸法師は死なない。一般的な料理で使われる濃度の醤油や塩、山葵（わさび）や生姜（しょうが）でも殺せない。

調理中にもし発見したら、全てのアニサキスを取り除くことが重要となるが、それにも限界はある。最も有効なのは六〇度で一分以上の加熱か、マイナス二〇度で二四時間以上の冷凍によって温度的に殺しきることだ。サケなどを冷凍してから薄切りにして食べる「ルイベ」はアニサキス対策として理にかなっている。

アニサキスは待機宿主が死んで鮮度が低下すると内臓から筋肉に移動することがあるため、食材はできるだけ新鮮なものを選びたい。幼虫が多く寄生している内臓を早く取り除けば、アニサキス対策としていくらかは危険を遠ざけられるかもしれない。また、餌がよく管理されている養殖魚なら、アニサキスを潜ませたオキアミを自由に食べて

**✵冷凍**
欧米ではそもそも魚介類は生で食べる食材ではないので、流通させる前に冷凍することを法律で義務づけている国もある。

**✵アニサキス対策**
内臓を手早く取り除いたとしても最初から筋肉に寄生していることもあるので絶

いる天然魚よりもずっとリスクは低いだろう。

日本ではアニサキス症を発症しても病院に行かない人が多くいる。国内で発生しているアニサキス症は届け出よりもずっと多く、実際には年間七〇〇〇件以上と推測されている。そう思うと私たちは魚介類を生食するのに大変な苦労を強いられているわけで、アニサキスに恨み言のひとつやふたつ言いたくもなる。

しかし、アニサキスにとってみれば、サバの体内に集結して大人になる日を待ちわびていたのに、どうしたわけだかヒトの体内に至り、そこでデッドエンドを迎えることになるわけだ。彼らにとってもヒトとの邂逅（かいこう）は予期せぬ不幸なのである。

ヒトとアニサキスの非難の応酬に決着をみることはないだろうが、どちらかといえば海の食物連鎖に強引に割り込んだ報いともいえよう。

対的な対策にはなり得ない。また、「よく嚙んで食べれば大丈夫」とか「たたきで調理すれば死ぬ」といわれることもあるが、これらのアニサキス殺傷効果は疑わしい。

# 不可視の侵入者
# ハナビル

Dinobdella ferox

人里を離れた山中の澄んだ泉。
一糸まとわぬ姿で水浴する乙女を狙う小さな吸血鬼。
音もなく、彼女のなかに入り込んだそれが
その汚れなき血を貪りつつある事実を、
美しい彼女は知る由もない――。

| 学　　名 | *Dinobdella ferox* |
|---|---|
| 日本語名 | ハナビル |
| 分　　類 | ヒル類 |
| 大 き さ | 幼虫5〜10mm　成虫10〜20cm |
| 宿　　主 | ほ乳類 |
| 分　　布 | 東アジア、東南アジア、南アジア |

久々の連休を控え、都会の喧噪を逃れてリフレッシュしようと決めたあなたは、お気に入りの登山ブログで見かけて一度行ってみたいと思っていた「秘湯」を目的地と定めた。

日帰りで行けるといえども、秘湯というだけあって、それなりに山の深い場所にあるようだ。山行は初めてではなかったが、慎重に準備を整え、迎えた連休。電車とバスを乗り継いで登山口へとたどりつく。

やや緊張しながらひとりで山に入ったが、順調に歩みを進め、だんだんと景色を楽しむ余裕も生まれてきた。

ちょうど一休みしたくなったころ、不意に清流に出会い、あなたは小さな歓声を上げる。ヒル対策のために履いてきた登山用スパッツと靴を脱いでそのせせらぎに素足を浸し、あるいは汗にまみれた顔を洗い、あるいは手にすくって口をつけ、一服の涼を得た。

あなたのほかに人影はない。折々に野生動物たちの気配を感じながら、スマートフォンにスクリーンショットで保存していたブログの記述と、誰かが置いてくれたいくつかの小さな案内板を頼りに、あなたは山の中の天然露天風呂に無事たどりつくことができた。

野性味あふれる秘湯と感動的な眺望を存分に堪能し、再び仕事に向かう活力を得たあなたは、笑顔で帰路につき、ちょっと誇らしい気持ちでSNSに一人旅の成果を報告する。いつもより多い「いいね」の数に、さらに気をよくして眠りについたのだった。

この日、あなたは豊かな自然が織りなす山々の空気を満喫し、日頃の疲れを癒やすことができたが、実は自然があなたに与えたのは、癒やしばかりではなかった。

**✵ヒル**
ヒル類の総称。通常三四個の体節からなる。体は扁平または円柱状で、前後端に吸盤があり、前吸盤の底に口がある。淡水・海水に棲むほか、陸生の種もある。

リフレッシュできたせいか、以前よりも調子よく仕事をこなして一か月ほどがたったころ、あなたは鼻に不思議な違和感を覚える。あるべきでない何かがそこにあるような感覚。そして、ときおり痒みも感じる。

そのうちに大量の鼻水が出るようになって、ついには鼻血まで出始めた。特に鼻血はなかなか止まらず、しばしば目眩（めまい）や動悸、息切れ——つまりは貧血の症状さえ現れてくる。

何か悪い病気に罹ったのだろうか。あるいは、知らぬ間に鼻の中を傷つけてしまったのだろうかと不安にかられ、手鏡で鼻をのぞき込んだあなたは、そこに不気味に蠢（うごめ）く黒々とした何かを見出し、思わず息を呑んだ。

ハナビルである。

ハナビルは環形動物門ヒル綱に属する吸血性ヒルの一種だ。インド、スリランカなどの南アジアから、ミャンマー、タイ、マレーシア、イ

✴ **環形動物**
前後に長い体を持ち、多数の体節からなる動物。体腔は体節ごとの隔膜で仕切られている。ヒル類のほか、ゴカイやミミズなどが含まれる。

ンドネシアなどの東南アジア、台湾や中国南部などの東アジアにかけて広く分布している。日本でも九州南部を中心にみられ、人への寄生事例も報告されている。漢字では「鼻蛭」と表記する。

現在、人にとりつく吸血性のヒルは世界で十数種が確認されており、日本では山林湿地などにいる陸生のヤマビルや、川沼や水田などにいるチスイビルといった主に体表にとりつくヒルがよく知られている。だが、ハナビルは生息地域がかぎられているので、あまり知られていないかもしれない。

ハナビルは山間部の渓流や湧き水、池などの水場に生息する。五ミリから一〇ミリほどの小さな幼虫が、そこで泳いだり渇きを癒やしたりするシカやサルなど野生のほ乳類、たまたま訪れた人、猟犬などに水とともに体内へ侵入し、寄生する。

幼虫はごく細くて乳白色をしているため、意識して水の中を見ても容易には気づくことができないだろう。

ハナビルが寄生する部位として最も多いのは、その名のとおり鼻腔である。

**✱体内へ侵入**
体表から吸血された場合を外部蛭症、体内に侵入されて吸血される場合を内部蛭症と呼ぶ。

毒性はなく、小さいうちは宿主に自覚症状は現れないが、血を吸って黒々と成長し、ある程度大きくなると、ヒルが動くたびに異物感や掻痒（そうよう）感を覚え、さかんにくしゃみや鼻水、鼻血が出る。

鼻血が出るのは、ヒルが吸血位置を変えるたびに、それまで吸いついていた場所から出血するためだ。ヒルのだ液の中には吸血をスムーズに行うために血液の凝固を妨げる物質が含まれているため、この鼻血は止まりにくい。

また、ハナビルが侵入するのは必ずしも鼻腔だけとはかぎらない。口から侵入した場合は、喉（のど）や声帯、気管にとりつくため、咳（せき）が出たり、声が嗄（しわが）れたり、さらには呼吸困難におちいることもある。水浴びや水泳の最中に寄生された場合などは、目や耳、膣や尿道から侵入することも十分考えられる。

多くの人は、寄生に気づいた時点で居ても立ってもいられなくなるのではないだろうか。とにかく、どうにか取り除こうとするだろう。また、飼い犬の様子がおかしければ、飼い主が気づいてあげられるかもしれない。

しかし、野生動物はそういうわけにもいかない。

✹**血液の凝固を妨げる物質** ヒルのだ液腺から分泌されるポリペプチドで、「ヒルジン」と名づけられている。抗血栓薬剤としての臨床応用の可能性が検討されている。

野生動物の血液をたっぷり吸って十分に成熟したハナビルは、宿主が再び水場に近づいたときに鼻の中から飛び出し、水の中に去っていく。取り出すことができなければ、この吸血鬼に生き血を思うさま吸われるだけ吸われ、用済みとなってやっと解放されるのだ。

もちろんこのとき、次のハナビルの侵入を受けない保証もない。それどころか、同時に複数に寄生されている動物が発見されることもハナビルの生息地域では珍しいことではないのだ。

鼻腔のハナビルを自分で引きずり出した人の話では、得体のしれない生き物が鼻の中にいることに気づいた後、不安で眠れぬ夜を過ごしたという。何度か手やピンセットで取り出そうと試みたが、うまくいかなかったようだ。

そして、思い立って洗面器に水を張り、そこに顔を浸して、ヒルが顔を出したところをやっと濡れタオル越しにつかんだものの、吸盤が鼻の粘膜に吸いついて離れない。しかし、こちらとてここで逃がすわけにはいかない。痛みをこらえて思い切って引っぱると、そのままヒルは一〇センチほどにも伸びて、鼻がもげるかと思うほどの激痛を感じながら、なんとか引き剝がしたとのことである。

なんとおぞましく痛々しい体験であろうか。

ハナビルは、おぞましさやおどろおどろしさなどまったく感じられないような美しい渓流で、澄み切った湧き水で、今日も誰かの鼻へ入り込もうと、待ち構えている。

# ナメクジからの使者
# 広東住血線虫

Angiostrongylus cantonensis

かんとんじゅうけつせんちゅう

こんなはずじゃなかった。
ここは自分がいるべき場所ではない。
こんなところに来たくなかった。
どうしてこんなことに。
どうして、どうして、どうして——。

雲ひとつない、澄み切った晴天のある日。将来有望な若いラガーマンが、オーストラリアの自宅に友人たちを集めて庭でワインを飲みながら談笑していた。

友人の一人がテーブルの上を這っていたナメクジに目をとめる。悪ふざけから「食べられるか?」という話になり、そのラガーマンは酔った勢いもあってナメクジを拾い上げると、そのま

| 学名 | *Angiostrongylus cantonensis* |
|---|---|
| 日本語名 | 広東住血線虫 |
| 分類 | 線虫類 |
| 大きさ | 雌成虫25〜30mm　雄成虫20〜24mm |
| 宿主 | 中間宿主:カタツムリ類、ナメクジ類<br>待機宿主:陸生ウズムシ、両生類、エビ・カニ類<br>終宿主:ドブネズミ、クマネズミなど |
| 分布 | 極東、東南アジア、オーストラリア、太平洋諸島、アフリカ、インド、インド洋の島々、カリブ海の島々、北米など |

✷**ナメクジ**　殻をもたない陸生の貝類の総称。

ま飲み込んでしまった。
おどけてみせる彼を友人たちは大声で笑い、その勇気を称え、楽しいパーティは夜が更けるまで続いた。

生きたナメクジを飲み込むなんて汚い、なんとなく危なそう——そう眉をひそめる人は多いかもしれない。事実、身体頑健、健康そのものだった彼は、パーティでナメクジを飲み込んだ数日後、足に痛みを感じるようになる。

果たして、病院にかかった彼は、「脳に寄生虫がいる」と診断されてしまう。そして、寄生虫に起因する髄膜炎の一種、好酸球性脳脊髄膜炎を発症し、一年以上にわたって昏睡状態におちいった。その後、意識は取り戻したものの、脳に重い後遺症が残り、常時介護を必要とする生活を余儀なくされてしまう。

結局、そのまま回復することなく、運命のパーティから数えて八年後、ついに彼は息を引き取った。

死亡にまで至るのは非常にまれな事例だが、これは二〇一〇年から二〇一八年にかけて実際に起きた不幸な出来事だ。

✹**好酸球性脳脊髄膜炎**
脳と脊髄の間を巡回している脳脊髄液に、好酸球という白血球の一種が出現する髄膜炎。正常な人や通常の髄膜炎患者の脳脊髄炎には好酸球は出現せず、寄生虫の脳や脊髄への感染によることが多い。

彼を死に至らしめた寄生虫――それは広東住血線虫である。

広東住血線虫はネズミの肺動脈に寄生する細長い線虫だ。雌は二五～三〇ミリ、雄はそれよりひとまわり小さく、雌の体では赤い消化管を白い生殖器がらせん状に取り巻いており、まるで理髪店のサインポールのようにも見える。

世界的には、オーストラリアをはじめとする太平洋沿岸地域、東南アジア諸国やアフリカ、インド、カリブ海、北アメリカなどに広く分布している。

日本ではもともと沖縄に多かったものが、終宿主であるネズミとともに貨物にまぎれて移動し、現在では港湾地帯を中心にほかの地方にも広がっている。

寄生した成虫がネズミの肺動脈で産卵すると、卵は血流に乗って宿主の肺に到達し、毛細血管を詰まらせる。そこでふ化した第一期幼虫は、肺胞内に出て、気道をのぼってから飲み込まれ、消化管を通って糞とともに排出される。

この糞や糞で汚染された植物をカタツムリやナメクジなどが食べると、それらの体内で二回の脱皮を行い、感染能力をもった第三期幼虫となる。

広東住血線虫にとってカタツムリやナメクジは中間宿主だが、幼虫は中間宿主を捕食する陸生のウズムシ、カエルなどの両生類、エビやカニなどの体内でも生存できる。これらの捕食者は広東住血線虫の生活環において必ずしも必要ではないが、終宿主への感染機会を増やすことができる宿主として待機宿主と呼ばれる。

この中間宿主や待機宿主をネズミが食べると、幼虫は消化管から循環系に入り、数日のうちに脳に集まってくる。そして、神経組織内でさらに二回の脱皮を行い、幼若成虫となる。

その後、くも膜下腔に移動してさらに成長し、静脈を経て、心臓から最終寄生場所である肺動脈にたどりつき、交尾と産卵のできる成虫となるのだ。

なんらかの理由で広東住血線虫の幼虫が人間の口に入った場合、ネ

**✺ウズムシ**
扁形動物門に属し、自由生活をする生物のグループ。ほとんどは水生で、淡水または海水に生息するが、一部は陸上にも生息する。

ズミならざるヒトの体では、幼虫は肺動脈まで移動することができず、成熟した成虫にはなれない。しかし、脳にまでは入り込んである程度まで成長し、悪さを行う。

脳に一センチほどの大きさの虫が複数いて暴れるのだから、感染者は激しい頭痛、発熱、嘔吐、知覚異常、四肢無力感など、好酸球の増加を伴ったさまざまな中枢神経症状に苦しめられる。

たいていは自然に治癒(ちゆ)するが、特効薬はなく、重症になると失明してしまうこともあれば、オーストラリアの不運な彼のように重い後遺症を患い、あげく死亡してしまうこともある。

このように、人間の中枢神経を冒すおそろしい寄生虫であるが、一方で、広東住血線虫にしてみれば、ひとたびヒトという袋小路に入ってしまうと、大人にはなれず、子も残せず、その生を終えることになり、これはお互いにとっての不幸である。

この寄生虫のヒトへの寄生は、ナメクジやカタツムリ、カエルといった中間宿主や待機宿主を「生で」食べることで起きる。

まさか、そんなことをする人はいないだろう——そう思うかもしれない。ところが、信じられないことに、日本には糖尿病や腎臓病、あるいは風邪や喘息、さらにはガンに効くなどとして、生きたカタツムリやナメクジの生食、あるいはヒキガエルの肝を生食するという、科学的根拠のない民間療法が存在している。

これらは、生きた広東住血線虫などの多くの病原体を、いたずらに体内に呼び込む愚かな行為でしかない。

また、そのようなゲテモノ食いを意図していなくても、無農薬野菜などをよく洗わずにサラダなどにして生で食べれば、付着していたナメクジや陸生ウズムシ、あるいはその粘液から出てきた広東住血線虫の幼虫を知らずに口にしてしまうこともある。実際に報告されている感染例は、そのような事故で幼虫が口から入ったと思われるものが大半だ。

ちなみに、フランス料理でよく知られているエスカルゴはリンゴマイマイと呼ばれるカタツムリの一種で、近年は日本のファミリーレストランなどでも提供されているが、十分に加熱調理してあれば安全に賞味できる。

**✺エスカルゴ**
フランス ブルゴーニュ地方の固有種であるブルゴーニュ種がエスカルゴの王様と呼ばれている。絶滅の危機にあったが、日本国内企業が世界で初めて完全養殖に成功している。

カタツムリやナメクジをむやみに触るべきではない。もし触ったら手をしっかり洗うのはもちろん、生野菜や果物もきれいな流水でしっかりと洗ってから食べたい。より安全を期すなら、加熱調理することが、広東住血線虫をはじめとする多くの感染症を防ぐ最も効果的な対策である。

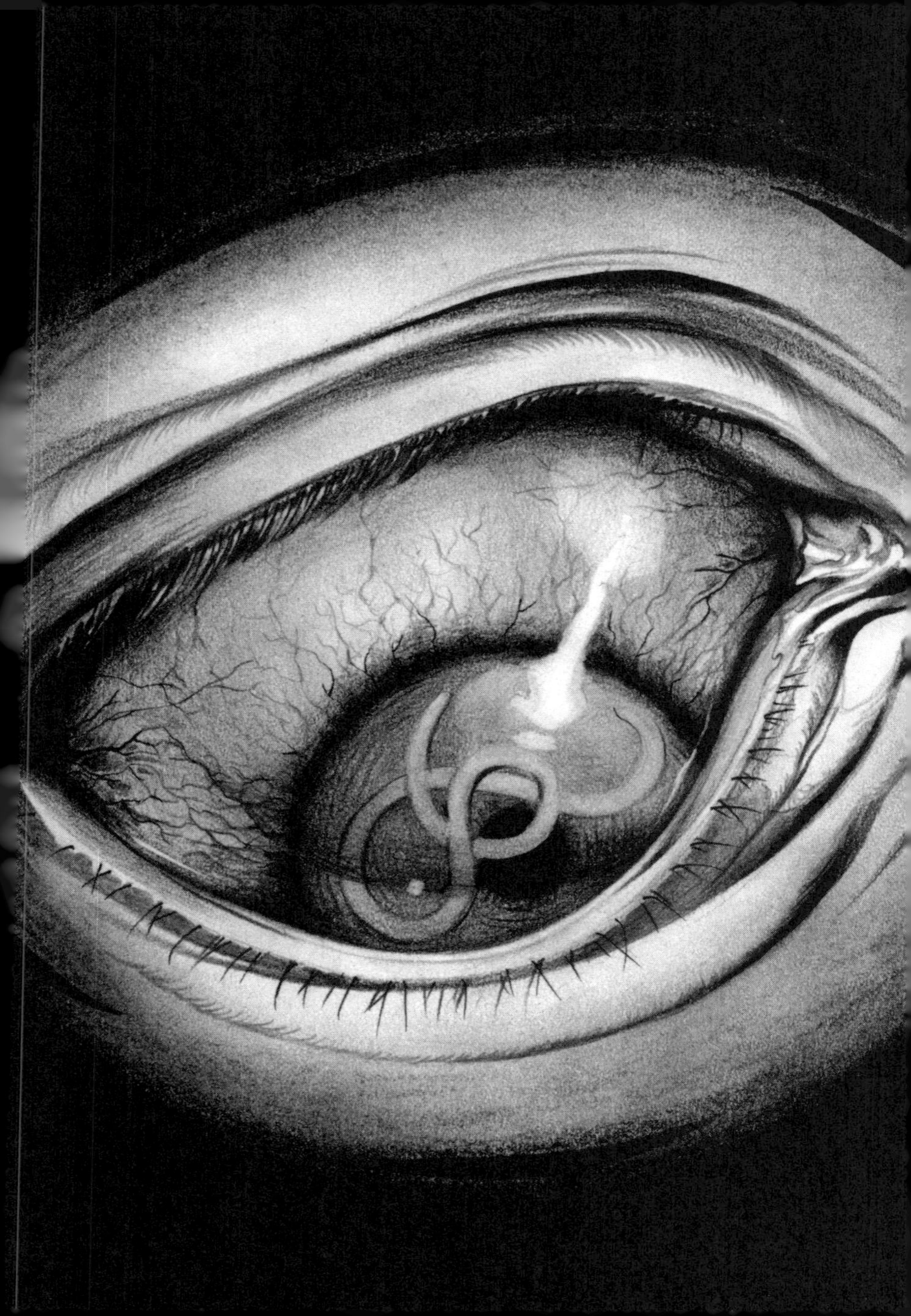

Onchocerca volvulus

イベルメクチン前夜

# 回旋糸状虫（かいせんしじょうちゅう）

これまであまりにも多くの人々を苦しめてきた熱帯地域の寄生虫感染症。
だが、そのなかには、撲滅の兆(きざ)しがみられるものもある。
一九八七年を境に人類の反撃が始まったオンコセルカ症もそのひとつだ。

| 学名 | *Onchocerca volvulus* |
|---|---|
| 日本語名 | 回旋糸状虫 |
| 分類 | 線虫類 |
| 大きさ | 雄成虫19～42mm 雌成虫330～500mm<br>ミクロフィラリア256$\mu$m |
| 宿主 | 中間宿主:ブユ<br>終宿主:ヒト |
| 分布 | アフリカ中央部、中南米 |

コンデンサレンズに集められたハロゲンランプの光がプリズムで九〇度の方向転換をし、観察部位を明るく照らす。

細隙灯顕微鏡(スリットランプ)をのぞく医師の正面で、両目の視力を完全に失っている男がうつろな表情をしていた。男の眼球は角膜が白く濁り、すでに硬く、瘢痕(はんこん)化している。

スリット操作部のダイヤルを回すと、縦長の細い光束が、男の角

**✷細隙灯顕微鏡** 眼球を観察するために使用される検査機器。スリット状の光を当てて、その反射光を顕微鏡で観察する。

**✷瘢痕** 切り傷や火傷、外傷、皮ふ病などが治った後に残る傷あとのこと。

膜と水晶体の間の眼房水を漂っている目標物を捉える。

まるで、カーテンから洩れた陽の中で立ち舞う無数の糸くずのような——。

午前の診察を終えて、医師は一息つこうと腰を上げた。仮設の診療所としているテントを出た彼を、大きなバオバブの樹が見下ろしている。


ガーナの都市郊外の村に派遣されてきてから、もうずいぶんになる。村の人口は約五〇〇人。そして、WHOの事前調査によって、この村には盲目の人間が五〇人以上いると判明していた。

特に目的もなく歩き、村の中心にある広場まで出たところで、両親と戯れる幼い少女と目が合った。少女ははにかみながら、爪を立てて腕を激しく掻きむしっている。それを止めさせようとしている母親の腕もまた、皮ふが醜くちりめん皺状になっていた。脛のあたりの皮ふには色素が落ちて白っぽくなった斑模様がある。このような皮ふ症状は村人に多く見られ、「ヒョウの肌」と呼ばれていた。

朝の川漁から帰ってきたところらしい父親の腰のあたりには、親指大のコブができている。

近々、あの父親のコブは切除しなければ。医師はそう心にとどめた。でなければ、彼はいま手にしている銛を遠からず「杖」に持ち替えることになるだろう。

オンコセルカ症——それは、糸状虫の一種である回旋糸状虫という糸のように細長い線虫の一種が引き起こす。吸血昆虫のブユによって媒介される寄生虫病で、ブユが河川で繁殖するため河川流域に感染者が発生することから、「河川盲目症」の別名がある。

一九八〇年代中頃、アフリカの中央部や中南米では毎年数千万人がこの病に感染し、うち失明を含めた重い眼の障がいを負う人は数百万人にのぼっていた。

◆

回旋糸状虫の感染幼虫を体内に潜ませた雌のブユがヒトを刺すと、回旋糸状虫の幼虫が皮ふから侵入してきて、一年ほどで宿主の皮下にコブをつくって成虫となる。

このときコブの中の成虫はコイル状に巻いていて、この形をして「回旋」という名がつけられた。

雌と雄の成虫が交尾をし、雌は一日に一〇〇〇匹ものミクロフィラ

**✺糸状虫**
線形動物門糸状虫上科に属する動物の総称で、フィラリアとも呼ばれる。ヒトに寄生する種としてバンクロフト糸状虫、マレー糸状虫、ロア糸状虫などが知られる。

**✺ブユ**
双翅目ブユ科に属する吸血昆虫。雌がノコギリ状の口器でヒトの皮ふを食い千切り、流れ出た血を啜る。水中や水際に卵を産む。

リアと呼ばれる幼虫を産む。これをブユが吸血する際に吸い上げると、ブユの体内で感染幼虫となって次の宿主を待つ。

雌の成虫はコブの中で長ければ一五年も生き、その間、膨大な数のミクロフィラリアを産み続ける。

オンコセルカ症の症状のほとんどは、宿主の皮ふや眼の組織に移動して、そこで死んだ無数のミクロフィラリアが原因だ。

皮ふの中で死んだミクロフィラリアは、猛烈な痒みを引き起こす。時間が経つと皮ふは厚くなって黒ずみ、萎縮し、皺がよる。斑状に色素が失われることもある。

また、ミクロフィラリアが眼の中で死ぬと、結膜炎や角膜炎が起こり、やがて河川盲目症という病名が示すように、視力が失われる。

ちなみに、アフリカ中西部には、回旋糸状虫と同じ糸状虫上科に属する、ロア糸状虫という寄生虫が生息しており、こちらはアブが媒介する。

ロア糸状虫は回旋糸状虫ほど重篤な病害はないものの、数センチもの大きさの白い成虫が眼の結膜下を横切ることがあり、eye worm とも呼ばれている。

**✹ロア糸状虫**
ロア糸状虫症の患者にイベルメクチンを使用すると、重篤な脳炎が起きる可能性がある。そのため、医師はオンコセルカ症の患者にイベルメクチンを使用する前にはロア糸状虫の寄生がないか確認をする必要がある。

爆音を立てるヘリコプターが医師の頭上をとおり過ぎていく。タマレにあるOCP（オンコセルカ症感染制御計画）司令基地から、薬剤散布のために飛んできたヘリだ。

ヘリの飛行音を縫って、耳の後ろで虫の飛ぶ音がした。慌てて音のした方を向く――が、何もいない。

医師帽を目深にかぶり直し、襟を立て、医師は足早にテントへ戻っていった。

◆

そろそろ、午後の診察を始めなければ。

盲目の人間がこれ以上増えるようなら、村人は安全な土地を求めて移動するだろう。せっかく大きな川に接した肥沃な土地なのに、ここが廃村になるのは時間の問題のようだった。

「眼障がい者二〇パーセント以上、重症眼障がい者一〇パーセント以上」。それが、WHOの調査で判明したこの村の現状である。

ヘリコプターは村に沿って流れる川の上を舐めるように飛びながら、重力投下とジェット噴射を使い分けて、ブユの幼虫が潜んでいそうな浅瀬や湧水池に殺虫剤を散布していく。

**✵OCP**
一九七四年より開始された。Onchocerciasis Control Program の略。一九九五年からはアフリカ・オンコセルカ症対策計画（the African Programme for Onchocerciasis：APOC）がスタート。オンコセルカ症撲滅への変化が出始めたとして二〇一五年に終了した。

回旋糸状虫を媒介するブユを駆除し、オンコセルカ症を撲滅しようという作戦だった。

しかし、村の周囲の至るところにブユの生息地はあり、たかだか一機のヘリコプターによる薬剤散布程度では効果はほとんど期待できそうにない。実際のところ、オンコセルカ症の村人は増えていく一方なのだ。

◆

人類と回旋糸状虫との戦況が劇的に変わるのはこの翌年、ＷＨＯが抗寄生虫薬イベルメクチンの集団投薬を開始する一九八七年からのことである。この特効薬によってオンコセルカ症の撲滅が現実味を帯びてくる。

**✺特効薬**
イベルメクチンは患者の体内のミクロフィラリアをことごとく殺し、成虫のミクロフィラリアの生産を抑え込む。成虫を殺すことはできないので、成虫が死ぬまでの間、体重一キログラムあたり一五〇マイクログラムのイベルメクチンを年一回飲むことで、オンコセルカ症の発症が抑えられる。

## ◉イベルメクチン後の世界

北里研究所室長の任に就いたその日から、所属研究員たちにカバンの中にはスプーンと小さなビニール袋とを常に携帯するよう指導し、彼自身、ありとあらゆる場所でサンプルを採取しては、培養液をつくり、それをふるい分け、精査するという日々を送っていた。

新物質の発見と新薬の創造――その情熱が経験学者の大村智を突き動かしていた。

検体番号OS-4870。後に「ストレプトミセス・アベルメクチニウス」と名づけられるこの放線菌は言い知れぬ可能性を秘め、大村の興味を惹きつけてやまない。それが産み出す化学物質の抗微生物活性は、試験管実験で申し分ないデータを示しており、一刻も早くこの化学物質を単離抽出してその正体を見極めてみたいと、大村ははやる気持ちを抑えられないでいた。

光学顕微鏡での観察を中断し、再び抗菌スペクトルの系列データを見返そうとしたとき、研究員助手が動物用新薬の共同研究をしているアメリカ製薬大手メルク社からの着電を知らせにきた。一九七四年のことである。

◆

大村は一九七三年からメルク社と共同研究を行い、一九七九年に放線菌が生産する抗寄生虫薬「エバーメクチン」およびその誘導体である「イベルメクチン」を発見・開発した。

イベルメクチンは寄生虫や節足動物に対してごく少量で強い殺虫効果がある抗寄生虫薬である。一九八一年に畜産薬としてメルク社から発売されて以降、世界で最も多く使用され、その群を抜いた薬効で食料と皮革の増産に大きく貢献している。イヌのフィラリア症の予防と治療にも著しい効果があり、その登場は世界中の愛犬家の福音となった。

一九八四年には、ついにヒト用の薬剤として、副作用・安全性をクリアしたイベルメクチン（商品名メクチザン）が開発され、オンコセルカ症（回旋糸状虫）とリンパ系フィラリア症（バンクロフト糸状虫、マレー糸状虫、チモール糸状虫）の特効薬となった。

ＷＨＯは一九七四年からオンコセルカ症感染制御計画（ＯＣＰ）を展開していたが、回旋糸状虫を媒介するブユの駆除を目的とした殺虫剤散布は徒労に終わっていた。そのようななか、一九八七年よりイベルメクチンがオンコセルカ症の撲滅作戦に投入され、直後から目覚ましい成果を上げることとなる。流行地の人々は年一回、毎年服用するだけで、大きな副作用もなく人体内にいる回旋糸状虫のフィラリアを抑え込めるのだった。

現在では、すでに中南米のコロンビア、エクアドル、メキシコではオンコセルカ症の撲滅が達成されており、アフリカ各地でもオンコセルカ症の感染終息が伝えられている。一九八七年には、毎年の感染者が二〇九〇万人、うち失明者が一一五万人もいた寄生虫病が、イベルメクチンの登場後わずか三〇年余りで撲滅されつつあるのだ。ＷＨＯは二〇二〇年代には撲滅を達成できると見込んでいる。

これらの功績により、大村智博士と共同研究者のウィリアム・キャンベル博士は、二〇一五年一〇月にノーベル医学・生理学賞を授与された。二〇一九年時点でイベルメクチンは世界で毎年四億人余りに投与されており、今もおそろしい寄生虫病から多くの人々を救っている。

第三章

# おぞましい生き様

# 首を狩る悪魔
# タイコバエ

Pseudacteon obtusus

その悪魔の群れは子羊を殺し、子牛を殺し、ついには人も殺した。
凶暴な悪魔たちの前に人々は為す術なく逃げ惑う。
しかし、ある賢者がこの悪魔を倒す方法を思いつく。
そうだ、悪魔には別の悪魔をぶつければいい——。

| 学名 | *Pseudacteon obtusus* |
| --- | --- |
| 日本語名 | タイコバエ |
| 分類 | 昆虫類 |
| 大きさ | 1〜2mm |
| 宿主 | ヒアリ |
| 分布 | 南アメリカ |

その赤錆色をした小型のアリは、刺されると火で焼かれたように痛いので「火蟻」という名前がついている。

学名は*Solenopsis invicta*。先頭の属名*Solenopsis*はラテン語で「管のようなもの」を、後ろの種小名*invicta*は「征服されない」という意味である。

征服されない——そう、ヒアリは強い。ほとんど無敵だ。

✷**ヒアリ**
南アメリカ大陸原産のハチ目アリ科フタフシアリ亜科に属するアリの一種。二〇一七年、日本でも初めて確認された。

女王は多産で、働きアリの成長は早く、一匹の女王が五年もたつと約二〇万匹もの巨大コロニーをつくる。一つの巣の中で複数の女王が協力し、連合軍をつくることもある。

有機物の類いであればおよそなんでも食べるし、性質は極めて凶暴。自分たちの縄張りに侵入した生物は容赦なく敵とみなし、強力な毒針で刺したり、毒を浴びせかけたりして襲う。流れ着いた土地を瞬く間に侵略し、昆虫などの小動物、爬虫類、鳥のヒナや小型のほ乳類に至るまで、徹底的に貪（むさぼ）り食い、駆逐する。

そうして、元は南アメリカ大陸に土着の生物だったヒアリは、今や世界中にその勢力を拡大した。その破竹の勢いに、国際自然保護連合（ＩＵＣＮ）は彼女らを「世界の侵略的外来種ワースト一〇〇」に選定、日本も「特定外来生物」に指定している。

そう、ヒアリの侵略は自然界にとどまらない。私たちにも甚大な被害を与える。ヒアリは電気設備――彼らは磁気に引きつけられる――をはじめとする社会インフラを物理的に破壊し、畑の作物の根を食い荒らし、農夫が蒔いた種を持ち去り、果樹園の若木を噛みちぎり、食糧庫を汚染する。牧場の子羊や子牛、ヒヨコを襲撃して眼を潰し、最

**✹流れ着いた土地**
生息地がハリケーンなどで水に沈んでしまっても、ヒアリ同士が塊になって筏のように浮かんで生き延び、水が引くとライバルがいなくなった土地で大繁殖する。

**✹ＩＵＣＮ**
一九四八年に設立された国際的な自然保護ネットワーク。International Union for Conservation of Nature の略。

**✹ワースト一〇〇**
一位はマメ科の常緑樹・ブラックワトル、二位は世界最大の陸産巻貝の一種・アフリカマイマイ、三位はア

悪の場合は殺す。成牛を刺して乳の出を悪くする。

もちろん人も例外ではない。ヒアリの縄張りにうっかり足を踏み入れようものなら、たちまち土の中から大群が湧き出てきて咬みつかれ、毒針で滅多刺しにされる。刺されると火で焼かれたような痛みが走り、ひどく腫れるが、それで済めばまだ運のいい方だ。

毒への過剰なアレルギー反応は、まれに胸の痛み、吐き気、血圧低下、発汗、痙攣（けいれん）、意識の混濁、呼吸困難などの諸症状を引き起こし、死に至ることさえある。

一九三〇年代にヒアリの侵略を許したアメリカでは、多くの人がヒアリの毒によって亡くなっている。経済的な損失も毎年六〇億ドルにのぼるという。

この非常にたちの悪い侵略生物を克服しようと、アメリカは大規模な農薬散布という撲滅作戦を一九五七年から八二年にかけて断続的に展開した。このとき散布された化学薬品が生態系に与えた影響は甚大で、その当時のことは生物学者レイチェル・カーソンが『沈黙の春』に書いているが、結局、空からの一斉空爆ではヒアリを殺しきれなかっ

ジア産の鳥類・インドハッカ。

**✺過剰なアレルギー反応**
アナフィラキシーショックのこと。処置が遅れると生命の危険を伴う。ヒアリの毒には、ハチ毒との共通成分も含まれるのでハチ毒アレルギーを持つ方は特に注意が必要。

**✺沈黙の春**
一九六二年に出版。原題は『Silent Spring』。日本では、青樹簗一訳で新潮社が刊行。

た。それどころか、競争関係にあったほかの生物種を滅ぼしてヒアリの繁栄を助けてしまい、この根絶キャンペーンは後に「昆虫学のベトナム戦争」と揶揄された。

ヒアリはその学名のとおり、「征服されなかった」のだ。

しかし、一度は敗北したアメリカは、新たな撲滅作戦を考案した。それは「生物防除」と呼ばれる方法で、ヒアリの故郷から天敵となる生物を連れてきて、それを自律型の対ヒアリ兵器として連中にぶつけようというものだ。戦線に投入されたのは小さなハエだった。ただしそのハエは、もしヒアリたちがものを言えたなら、「悪魔」と呼ぶにちがいない、そんな存在だ。

ハエの悪魔といえば、小説家ウィリアム・ゴールディングはその代表作で、狩られたブタの生首とそこから飛び立つハエの群れを、人間の内面に潜む悪魔になぞらえて「蠅の王」と表現しているが、このハエはそれよりもずっと直接的に悪魔であるといえる。

なにしろ、その悪魔は、現実にヒアリの首を狩り、そこから飛び立つのだ。

**✷生物防除**
化学農薬を使用せずに、生態系における捕食関係等を利用して害虫などの防除を行う方法。化学薬品処理や放射線の照射によって不妊化した害虫を放して、繁殖を失敗させる方法もある。

**✷蠅の王**
一九五四年出版。原題は『Lord of the Flies』。日本では黒原敏行訳で早川書房が刊行。

そのハエの名をタイコバエという。南アメリカ大陸を原産地とし、ヒアリに捕食寄生するノミバエの仲間だ。

タイコバエは匂いをたよりにヒアリの巣にやってくる。そしてアリの頭上でホバリングして隙をうかがい、ハイスピードカメラにしか写らないような電光石火の突撃で、アリの胸部に産卵管を差し込み、素早く卵を産みつける。

アリも巣穴に逃げ込んだり動きを止めてやり過ごそうとしたりするが、ハエはアリに対して一時間に一〇〇回以上も執拗に突撃を仕掛け、約三割の確率で産卵を成功させるという。

卵を産みつけられたアリはすぐに死にはしない。卵からふ化した幼虫は急速に成長し、二齢になるとすぐにアリの胸部から首を通って頭部に入り込む。幼虫が頭の中に入り込んでも、アリは生きたまま仲間たちと一緒に過ごしている。ただし、あまり餌を採りにはいかなくなり、攻撃性も低下するようだ。

おそらく、幼虫が宿主の体内でなんらかの化学物質を放出し、その行動を変化させているのだろう。アリは餌を採りにいかなくても、仲間から食べ物を分けてもらえる。宿主がエネルギーを浪費しなければ、寄生虫が成長を遂げられる可能性はより高くなる、というわけだ。

そして、アリの頭部でいよいよ三齢（終齢）にまで成長すると、幼虫は酵素を使って自分が入っているアリの頭部を切り落とす。そして、地面に落ちた頭の中で脳などの内容物を食べ尽くして蛹になる。さすがに頭が落ちればアリは死に、その死体は仲間によって巣の外に捨てられるが、このときハエの蛹もアリの頭部と一緒に外に運ばれる。

そして、蛹になってから二～六週間後、蛹からハエの成虫が羽化し、アリの頭部を突き破って外界に出現し、交尾と産卵のために飛び去るのだ。タイコバエの成虫の寿命は三～五日だが、その間に一匹の雌が二〇〇匹近くものアリに卵を産みつけるという。

タイコバエとヒアリが同じ地域にいれば、ハエの捕食圧でヒアリの数が減る。また、寄生によるアリの採餌行動の減少や攻撃性の低下は、ヒアリと競合する在来の生物にとって有利に働くことだろう。

実際、このタイコバエをはじめとしてヒアリの天敵が多く存在する原産地の南アメリカでは、多様な生物たちが食ったり食われたりしながら、それなりに安定した生態系を形づくっている。そこでは、ヒア

✹**終齢**
幼生（幼虫）は脱皮を重ねて成長するが、成虫あるいは蛹になる前の段階を終齢と呼ぶ。

リはアメリカ国内の五分の一から七分の一の数しかいないそうだ。

これまでのところ、タイコバエのアメリカへの導入実験は、ある程度うまくいっているとみられている。

ただ、あくまで局地戦での成果であり、アメリカを広く侵略したヒアリに壊滅的な打撃を与えるまでには至っていない。そこで、科学者たちはヒアリに特化した微胞子虫、細菌、ウイルス、さらには遺伝子操作を施した新型の天敵の戦線投入を検討しているという。

このように、ある生物に天敵をぶつける生物防除は、化学薬品の無秩序な散布よりはマシなのだろう。しかし、この方法にしても、生態系のバランスの破壊であることに変わりはない。

生態系は大小さまざまなブロックが積み上がってできたジェンガのようなものだ。そのジェンガのある部分からブロックを引き抜いたらどうなるか。逆に強引にねじ込んだら？　ハエの大発生くらいのことで済めばいいのかもしれないが、新たな『沈黙の春』が起きないともかぎらない。

ヒアリやタイコバエにしてみれば、自然を思うがまま征服しようとする人類こそ、よほど悪魔に見えるかもしれない。

**✳微胞子虫**
胞子を形成する偏性細胞内寄生性の真菌。

# Leucochloridium spp.

# 蠢動、そして空へ
# ロイコクロリディウム

いいかい、始めるよ、ドクリドクリ!
トラツグミがこっちを向いた
ドクリドクリ!
もうすぐあったかな血潮の中へ
ねえねえ、ドクリドクリ!　ドクリドクリ!

陸に生息する巻貝で背中に大きな貝殻をもつものをカタツムリ、殻が退化して消失してしまったものをナメクジという。オカモノアラガイは、カタツムリだ。
日本では中部地方以北に広く分布していて、水際のほとりなどに生える草の間に棲んでいる。黄褐色で半透明の水のしずくのような独特な形の薄い殻と乳白色の軟体をもち、頭部には先端に眼のつい

| | |
|---|---|
| 学　名 | *Leucochloridium paradoxum*<br>*Leucochloridium perturbatum*<br>*Leucochloridium* sp. |
| 日本語名 | ロイコクロリディウム |
| 分　類 | 吸虫 |
| 大きさ | 数mm |
| 宿　主 | 中間宿主:カタツムリ(オカモノアラガイ)<br>終宿主:鳥類 |
| 分　布 | 日本、ヨーロッパ、ロシア、アメリカなど |

た伸縮自在の触角がある。殻の高さが二五ミリくらいになる、かわいらしい、小さなカタツムリだ。

その琥珀色をしたカタツムリの触角——普段はつつましく頭部にあって緩慢（かんまん）な動きで光や匂いを探っている器官は、今や鮮やかな緑色と茶色とオレンジ色で異質に彩られ、しかも、ドクリドクリと激しく蠢動（しゅんどう）している。

触角だけがまるで別の生き物のようだ。

そして実のところ、それは別の生き物なのだった。

その生き物はロイコクロリディウムという。

吸虫と呼ばれる扁形動物の仲間で、カタツムリと鳥を宿主とし、それらの間を行き来しながら繁殖している寄生虫だ。カタツムリに寄生しているのは幼虫で、鳥の消化管で成虫になる。

地を這うカタツムリから大空を舞う鳥に移動するのは、並大抵のことではない。しかし、この寄生虫は驚くべき方法でそれを成し遂げてしまう。

**✹蠢動**
虫などが蠢く様子。ロイコクロリディウムに寄生されたオカモノアラガイの眼柄は、すさまじくカラフルかつグロテスクに脈動する。

**✹扁形動物**
扁平で体節構造を持たない動物。寄生性の吸虫類、条虫類、単生類のほか、著しい再生能力をもつことで有名な自由生活性のプラナリアなどもここに属している。現在、約二万種が知られている。

鳥の糞と一緒に外界に出たロイコクロリディウムの卵がカタツムリに食べられると、カタツムリの体内で幼虫がふ化する。

幼虫は細胞分裂しながら枝分かれして、いくつもの腸詰めのような「袋」に成長していく。

腸詰めなら中身は挽肉だが、寄生虫の幼虫が変態してできた袋の中にできるのは無性的に増殖した大量のクローン幼虫だ。

クローン幼虫は袋の内部で発育し、やがて、終宿主に寄生する準備を完了させた数百もの幼虫で袋ははち切れんばかりになる。

このころになると袋は熟して色づき始め、「ブルードサック」と呼ばれるようになる。

ブルードサックはカタツムリの体内で次々と育ってその体腔を埋め尽くし、そのうちのいくつかは眼柄（がんぺい）にまで入り込んで蠢動するようになるのだが、その収縮回数は一分間に六〇回から八〇回とかなり激しい。

しきりに伸び縮みする異様な「触角」は、見る人に強い嫌悪感を、あるいは恐怖すら与えるだろう。

**✹眼柄**
カタツムリがもつ二対の触角のうち、先端に眼がある後方のものをいう。

しかし、鳥たちにとっては素晴らしく魅力的だ。

とりわけ昆虫を好んで食べるような鳥にとっては、活きのいいイモムシに見えるかもしれない。しかも「ここにいるよ！　早く見つけて！」とでも言わんばかりの目立ちっぷりで、猛アピールするイモムシである。タンパク質に富むイモムシは彼らの大好物だから、ついばむのに是非もないだろう。

高速で空を飛び、色の三原色に加え紫外線まで見える鳥たちの眼は、人間のそれよりもずっと性能がいい。きっとかなり遠くからでも、この極彩色のイモムシを見つけることだろう。

カタツムリがイモムシに見えたのか、はたまた単にカタツムリとして目立っていただけなのか、本当のところは鳥に訊いてみないとわからない。

いずれにしても哀れなカタツムリは鳥についばまれ、寄生虫はまんまと鳥の体内に入り込んで大空へと舞い上がる。

そして、鳥の消化管の中で成虫となり、同じように宿主を渡り歩いてきた同士と出会い、交尾をして卵を産む。

**✺鳥たちの眼**
たとえばイヌワシは人間の七倍以上の視細胞を持っている。また、人間は視線を一点に集中させるが、イヌワシは二点を集中して見ることができ、前を見て飛びながら地上の小動物を探すことができる。

その卵が鳥の糞と一緒に、再びカタツムリたちの頭上へと降り注ぐのだ――。

ロイコクロリディウムの仲間は、ヨーロッパ、ロシア、アメリカなど世界中に分布している。日本でもこれまでに三種類が確認されている。

三種の幼虫の外観はどれも似通っているが、それぞれに特徴的なブルードサックの色模様で種の判別ができる。

先端がオレンジ色で緑色の帯模様とレンガ模様に茶色の斑点がちりばめられたもの（*Leucochloridium paradoxum*）、茶色の帯模様のもの（*Leucochloridium perturbatum*）、緑色の帯模様と赤茶色の縦じま模様のもの（*Leucochloridium* sp.）がいて、前の二種が北海道に、三種目が沖縄に生息している。

ブルードサックの特徴的な色と模様は、それぞれの種がターゲットにしている鳥の餌の好みに合わせたものかもしれない。

それぞれの種において、自然淘汰はより宿主に食べられやすい色模様をブルードサックに描いた寄生虫の遺伝子を有利にした、というわけだ。

ロイコクロリディウムの幼虫は、鳥に食べられるために自らが積極的にアピールをするだけでなく、カタツムリの行動を操作すると主張する科学者もいる。

カタツムリは、ふつう捕食者である鳥などに見つからないよう葉の裏などに隠れているが、ロイコクロリディウムに寄生されたカタツムリは行動を操られてしまい、葉の上の明るい場所に移動しやすくなるというのだ。

ただ、「そうでもない」という科学者もおり、本当のところはよくわかっていない。

この寄生生物が初めて論文に記載されたのは二〇〇年ほど前のことだが、生物学的な面白さを持ちながらも、人間とは関わり合いをもたないせいか、これまで研究のメスがあまり入ってこなかった。

ブルードサックの蠕動(ぜんどう)運動がどのような仕組みで引き起こされているのかすら、いまだによくわかっていない。奇怪なことに、あれだけ激しく蠢いている袋の中で、大量の幼虫はまったく動いていないのだ。

✷**蠕動運動**
動物の消化管や、ミミズの移動などのように、筋肉の収縮波を伴うごめくような運動のこと。

よくわからないものは怖い。

科学の光が十分にあたっていないロイコクロリディウムの得体の知れなさも、見る者に恐怖を与える一因だろう。

# 寄生して、去勢するフクロムシ

Sacculina confragosa

海での"それ"との邂逅(かいこう)は、彼から子どもを奪ったが、彼には代わりの赤子が与えられた。

彼は芽生えた母性に従い甲斐甲斐しく赤子の世話をした。

やがて時がきて、彼は赤子を送り出す。

「袋」の赤子が海に還ってゆく——。


そのカニは海中の岩の上にすっくとつま先立ち、黄色い塊を抱えた腹部を開け閉めしていた。

わが子をやさしく海に送り出しているかのようだが、そのカニは一匹たりとも子どもを産んではいない。腹に抱えられた空豆状の塊は、カニの卵などではなく、そもそもカニは「母」ですらなかった。

その雄のカニはとりつかれていたのだ。

| 学名 | *Sacculina confragosa* |
| --- | --- |
| 日本語名 | フクロムシ(ウンモンフクロムシ) |
| 分類 | 蔓脚類 |
| 大きさ | 数mm〜数cm |
| 宿主 | イワガニなど |
| 分布 | 世界各地 |

卵のように見えるのはとりついていた者の一部であり、その本体はカニの全身にくまなく樹の根のように分岐して広がっていた。カニは、「それ」に搾取され、支配され、いいように利用されていた。命こそ奪われはしなかったが、本来ならば産まれてくるはずだったカニの子どもたちはそのせいで消滅した。未来を奪われたといっても過言ではないだろう。

カニにとりつき未来を奪った者――それがフクロムシである。

のっぺりとした袋のようないでたちからは想像もつかないが、フクロムシは甲殻類だ。甲殻類に寄生する甲殻類である。そのなかでも蔓（まん）脚（きゃく）類といって、磯の岩肌などに固着しているフジツボの仲間だ。

　蔓脚類はその字のとおり、植物の蔓のように長く湾曲した「蔓脚」という脚をもっている。フジツボは水面下で殻から伸ばしたこの蔓脚で、流れの中のプランクトンをかき集めて食べている。

　ところが、フジツボと同じ蔓脚類に属していながら、カニの腹から飛び出たフクロムシには脚がない。脚どころか、体節も、消化管も、

✺**フクロムシ**
フクロムシは世界で約三〇〇種が知られている。たいていの種はカニに寄生するが、なかにはエビやヤドカリなどに寄生するものもいる。

✺**蔓脚類**
甲殻綱蔓脚亜綱の節足動物の総称。フジツボ・エボシガイ・カメノテ・フクロムシなどが含まれる。すべて海産。

神経系すらない。この奇妙な生物は、寄生生活に不用な器官を軒並み退化させてしまったのである。

では、やたらと主張している「袋」はいったいなんなのか。

生物を定義づける特徴の一つは、核酸をもち自己複製を行って子孫を残すこと、つまり繁殖である。およそ動物らしい器官を持たないフクロムシだが、生物としての根幹だけは残してあった。袋の中身、そのほぼ全ては、フクロムシの生殖器官なのだ。

フクロムシは、卵からふ化した後、数回の脱皮をしながらしばらくは海中で自由生活をしている。この時期までは近縁のフジツボと同じである。ただし、雌雄同体のフジツボとちがって、フクロムシの幼生には雌雄があり、それぞれに役割がある。宿主にとりつくのは雌のほうだ。

フクロムシの雌の幼生は、宿主となるカニをおそらく匂いで発見すると、その体表にとりついてそこで脱皮し、変態する。変態後の幼生は、いわば生きた注射器のようなものだ。キチン質でできた管をカニの体表に突き刺し、その管を通して中身が宿主の柔らかな体内にスルリと侵入する。

✷**変態**
フクロムシは、幼生期に何度かの変態を行いながら成虫となる。それぞれのステージで形態が異なり、卵からふ化した直後はノープリウス幼生、カニに付着するためのキプリス幼生を経て、付着後はケントロゴン幼生、宿主に入るときはバーミゴン幼生へ変態する。

✷**キチン質**
昆虫や甲殻類の外骨格や硬い皮ふを構成している物質。

こうして宿主への寄生に成功した雌は、カニの腹のあたりに移動する。そこを起点にして宿主の全身に「インテルナ」と呼ばれる樹の根のような体を張りめぐらせて栄養を吸収するのだ。

そうやって雌は成長を続け、そのうち「エクステルナ」と呼ばれる構造物をカニの腹——フンドシと呼ばれる部位から外へと出現させる。このエクステルナこそ、私たちが目にしている「袋」であり、フクロムシの生殖器である。

海中を漂っている雄の幼生は、カニの体外に出たエクステルナに引きつけられ、その頂点に開いた穴から中へと入り込み、やがて雌に精子を提供するだけの小さな細胞の塊となる。雄を受け容れたエクステルナは成長し、その内部は卵巣と受精卵で満たされ、次世代のフクロムシがつくられていく。

カニにとって不幸なのは、フクロムシが宿主の栄養を奪うだけの寄生虫ではないことだ。フクロムシは、インテルナでカニの生殖腺を貪(むさぼ)り食い、去勢してしまうのである。

生物にとって最優先事項は子孫を残すことだから、繁殖行動には大量のエネルギーが投資される。去勢された宿主は繁殖のためにエネルギーを消費しなくなるので、その生存率は上がり、体はより大きくなり、同時に寄生虫が利用できるエネルギーもより多くなる、というわけである。

このような寄生生物による宿主の去勢は自然界ではしばしば見られ、「寄生去勢」と呼ばれている。

おそらく、フクロムシの祖先は意図して去勢を行ったわけではないだろう。最初はたまたま宿主の生殖腺の破壊が起こったのではないか。しかし、自然淘汰はフクロムシが宿主の生殖腺を破壊するという遺伝子を有利にし、その様式を固定化した。

こうして、宿主のカニは自分の子孫を残せなくなる。悲劇が起こるのは雌のカニだけではない。雄のカニにもフクロムシは寄生する。雄のカニの場合、雄性腺を破壊された影響で脱皮するごとに体が雌化していく。腹部が雌のように広くなり、ハサミも小さくなり、さらには母性までが芽生えてくる。もはやカニは正気を失い、寄生虫の一家のためにひたすら奉仕をして生きるだけの存在になってしまう。

**✳寄生去勢**
寄生により宿主の生殖器が退化したり性徴に変化が起こったりすること。フクロムシのような場合をサッキュリナ去勢と呼ぶ。ほかにヤドリムシ類などがエビやカニのえらなどに寄生して起こるエピカリダ去勢がある。

カニはエクステルナをまるでわが子のように守り、ゴミがつけば取り除き、甲斐甲斐しく手入れをする。そして、頃合いになると岩に登って腹を揺すり、寄生虫の子どもたちを海へとやさしく送り出すのである。

フクロムシはおそらく、なんらかの化学物質か、張りめぐらせた根による神経系の直接操作、もしくはその合わせ技でカニを巧みに操り、エクステルナをカニ自身の卵塊だと思い込ませているのだろう。

何度か幼生を海へと放出するとエクステルナは脱落するが、その後、カニの脱皮が起こり、脱皮直後のまだ柔らかい腹部から再び新しいエクステルナが生えてくる。一度フクロムシにとりつかれたカニは、もう逃げられない。

科学者は、「フクロムシはどうやら、カニの脱皮をも支配しているようだ」という。宿主に脱皮をさせて、その体をより肥大させ、より多くのエネルギーを奪おうというのだろう。

寄生虫は宿主なしでは生きてはいけない。だから、多くの寄生虫は宿主から栄養を控え目にかすめとるくらいで済ませ、致命的な害は与えない。長い進化の試行錯誤のなかで、宿主と寄生虫は共倒れにならないよう折り合いがついているのだ。フクロムシもその例外ではなく、宿主の命まで奪いはしない。

しかし、生物の存在意義ともいえる繁殖の機会を封じ、宿主の血統を途絶えさせるという点では、寄生虫としてはいささかやり過ぎの部類に入るようにも思える。この戦略で今のところ生き延びているということは、その寄生圧は宿主を絶滅させるほどでもないのだろうが、そのおぞましさでは寄生虫のなかでも群を抜く。

子どもを産めない身体に仕立てたカニを尻目に、フクロムシはひたすら自分の子どもを産むことに専念する。その世話までさせる。カニにしてみれば、たまったものではない。

もっとも、カニはフクロムシの支配下にある。寄生虫によって強制的に引き出された母性本能は、案外、カニに多幸感をもたらしているのかもしれない。

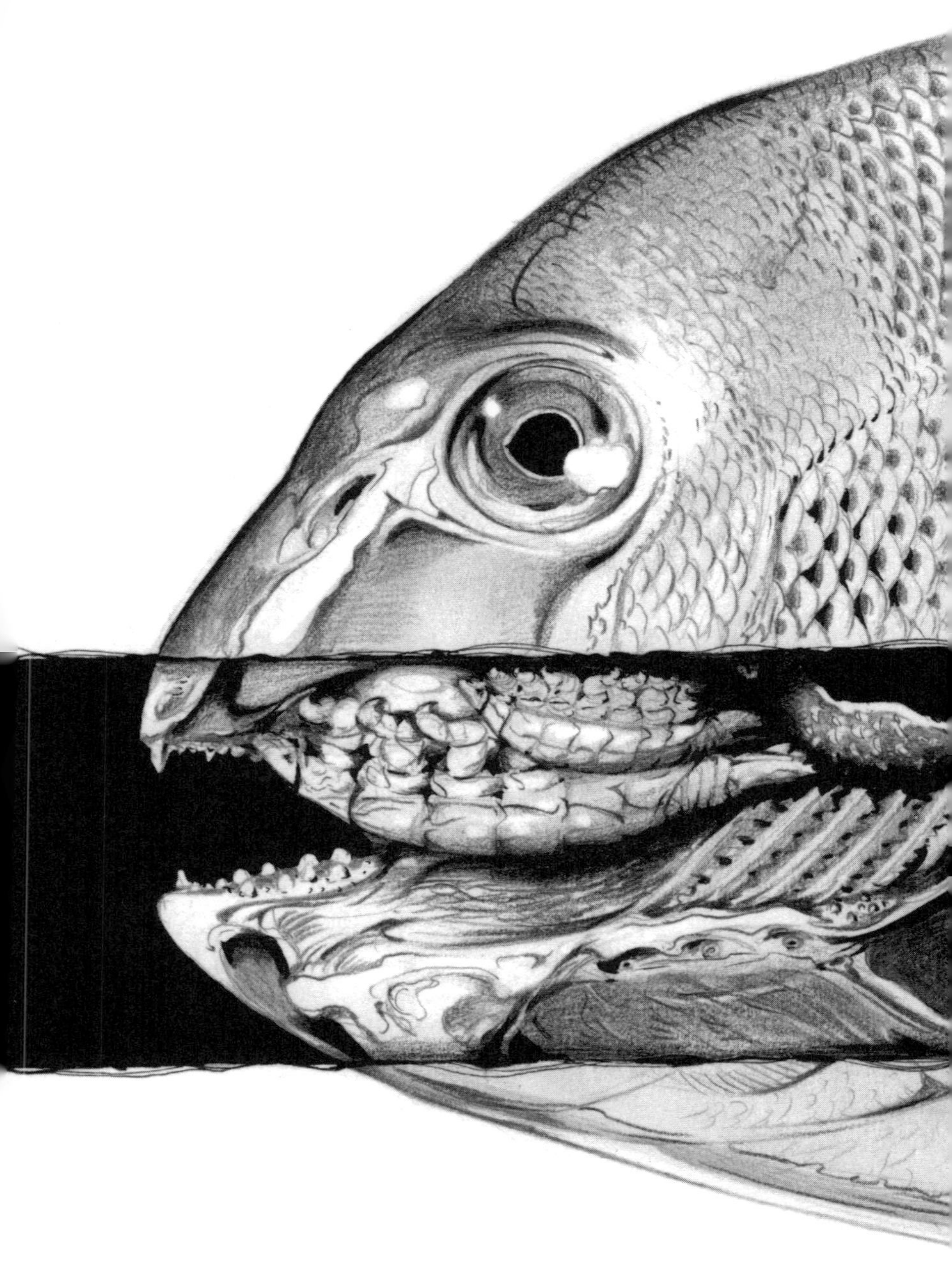

# 居座りの縁起物
# タイノエ

Ceratothoa verrucosa

長州では、これを鯛の咽虱（のどしらみ）といい、食べてみると鯛のような味がする。鯛魚の口中にあって、これを福玉と呼ぶ。含み玉の略語か。（『随観写真 魚部二巻』より）

ひとりの女性が台所で一匹の魚を洗っている。奮発して魚市場で天然のマダイを丸買いしてきたのだ。切り身ではないマダイを料理するのは初めてだったが、レシピサイトでの予習は十分にしてある。三枚におろして半身は刺し身、もう半身は昆布締めにして明日まで寝かせる。頭は塩焼きに、アラは出汁（だし）をとってお吸い物にしよう。そんな段取りを考えながらマダイをひっくり返していた彼女は、ふと、その口の中にある乳白色の大きな塊に気がついた。

**✳随観写真**
江戸中期の本草学者・蘭学者、後藤光生がまとめた動植物の図譜。人体解剖図が含まれている。

| 学名 | *Ceratothoa verrucosa* |
|---|---|
| 日本語名 | タイノエ |
| 分類 | 等脚類 |
| 大きさ | 雄成虫2～3cm 雌成虫3～5cm |
| 宿主 | マダイ、チダイ |
| 分布 | 日本各地 |

手を止めてよく見ると、その塊にはいくつもの節があり、眼のようなものが確認できる。果たして、菜箸でおそるおそる取り出してみた(口蓋に強く食い込んでいて取り出すのは大変だった)。彼女は、それが、マダイの口腔粘液を全身にまとった、親指大のワラジムシのような生き物だと知る。しかも腹に大量の卵を抱えている。そして、親指大のそれを引っ張り出した衝撃で、マダイの口からもう一匹、小指大の「ワラジムシ」も転がり出てきた。

二匹の巨大な「ワラジムシ」を認めた途端、彼女のなかに嫌悪と恐怖の情動が湧き起こる。心臓が跳ね、頭から血の気が引き——そして彼女は悲鳴を上げた。

タイノエは、マダイの口腔に寄生する大型の甲殻類だ。

雌はマダイの上顎の中央に、雄はそのやや後方に寄り添うようにしてとりつき、宿主の体液を啜って上下逆さまで生きている。甲殻亜綱等脚目に属する生き物で、ダンゴムシやフナムシ、オオグソクムシなどの仲間である。

ただ、深海を自由に生きるオオグソクムシが、外敵から身を守るた

✺**等脚目**
等脚類とも。陸上、淡水中、海水中に生息、その生態は多様で、寄生性の種も多い。

め硬い殻や、海底を歩くのに適した細長い脚、泳ぐのに都合のいい発達した尾肢（びし）などをもっているのに対し、一生の大半をマダイの口の中で生きることに決めたタイノエは殻が柔らかく、宿主にしがみつくための短くて先端が鉤（かぎ）のようになった脚をもち、泳ぐ必要がないので尾肢は退化している。

　等脚目のなかでもウオノエ科は、すべてが魚介類に寄生する生き物で、現在までに世界で約三六〇種が知られている。種によって宿主と寄生部位はさまざまだ。

　ウオノエを漢字で書くと「魚之餌」となる。タイノエも同様に「鯛之餌」だ。これは、しばしば魚の口のなかで見つかりその魚が食べている餌のように思えるからだが、実際のところ、餌となっているのは寄生されている魚の方である。

　タイノエは宿主が稚魚のときに寄生し、宿主とともに成長し、最終的に雌が五センチ、雄が三センチほどにまで育つ。私たちの親指と小指くらいの大きさであり、宿主は口の中のかなりのスペースを占拠されることになる。

　海域によっては天然マダイ（理由は不明だがタイノエは養殖のマダ

最大種は体長四五センチにも達するダイオウグソクムシ。

**✹ウオノエ科**　ほかにシマアジの舌上に寄生するシマアジノエ、サヨリの左右の鰓腔に寄生するサヨリヤドリムシ、クロダイなどの尾柄部に寄生するウオノコバンがよく知られている。

イでは見つからない）の約一八パーセントが寄生を受けていて、大型で目立つことから、タイノエは、マダイを専門に狙う釣り人や、魚市場関係者、和食の料理人にはお馴染みの寄生虫だ。

水中を泳ぎ回る幼生がマダイの稚魚の体にとりつくところから、寄生生活が始まる。とりついた幼生はマダイの口腔に侵入して、口腔壁にへばりつく。

幼生は宿主に寄生した後みんな雄になる（雄性先熟）が、先に寄生したものが大きく成長して雌になる。そして、二番目に宿主にたどりついた幼生が雄となり、つがいをつくる。

そうして、雌雄ペアが逆さまになってマダイの口蓋にしがみつき、その体液を啜りながら、最長で六年も生きる。

雌は腹部に薄い板状の組織を重ねてつくった育房に八〇〇個ほどの卵を抱え、繁殖期がくるたびに育房でふ化させた幼生を海中に放出する。育房から泳ぎ出た大量の仔虫たちは、自分の終（つい）の住処となるマダイの稚魚を探して広い海の中へと散っていく――。

**✹雄性先熟**
雌雄同体の生物で先に雄の生殖器官が成熟すること。

タイノエの夫婦には謎が多い。

奇妙なことに、一匹の宿主にほぼ例外なく雌雄ペアで寄生しており、一つの家に三人目が同居することはない。彼らが同居人の数をどのようにコントロールしているのか、雄雌の割り振りはどのような仕組みで決められているのか、詳しいことはわかっていない。

私たち人間に置き換えてみれば、口蓋に握りこぶし大の生き物がとりついて吸血しているようなものだ。おそらくマダイは煩わしく感じているだろうが、残念なことに自分の口の中に届く手足を持たないため為す術がない。

口蓋の占拠はこの寄生虫の夫婦が老衰で死ぬまで続き、それは先にも述べたように最長で六年にも及ぶ。

その間、マダイはタイノエから栄養を奪われ続ける。また、稚魚のころから口蓋に居座られて上顎の骨が変形し、餌を食べにくくなる。加えて、鉤爪と口器によって口の中の組織を傷つけられる。

こうして、タイノエに寄生されたマダイは痩せ、成長が遅くなる。

とはいえ、この夫婦は決してマダイを殺すまでのことはしない。宿主とともに歩んできた長い進化の過程で、共倒れにならないよう、加減を心得たのだろう。

幸い、タイノエはヒトには寄生しないし、もし誤って食べてしまったとしても人体に害はない。

それどころか、タイノエはシャコにも似た上品な味がする。考えてみれば、ずっとマダイのエキスだけを吸って育った甲殻類なのだ。そこにはマダイのうま味が凝縮しているわけで、おいしいのは当然かもしれない。

これは昔から知られている事実で、一八世紀の宝暦のころ、後藤光生によって編まれた『随観写真 魚部二巻』には、タイノエの絵とともに「食べてみると鯛のような味がする」という説明が書き添えられている。

さらに、一九世紀の安政のころに書かれた『水族寫真 鯛部』には、タイの体にある九つの縁起物「鯛の九つ道具」のうちの一つ「鯛之福玉」としてこのタイノエが描かれている。

この「鯛の九つ道具」を所持していると、物に不自由なく幸せになれるとされている。つまりタイノエは縁起物で、これが寄生している

**✸水族寫真 鯛部** 江戸時代後期の青物商で画家の奥倉辰行による鯛類の図説。安政四年（一八五七年）に刊行された。

**✸鯛の九つ道具** 三ツ道具（頭と背ビレの間

マダイは「当たり」なのだ。痩せたマダイは味が落ちるのかもしれないが、タイノエを見つけたら、あまり気持ち悪がらず、江戸時代の人々のように素直に喜んでおこう。

食べ慣れないだけのことでエビやカニなどと同じ甲殻類ではあるのだから、鮮度がよければ、煮るなり焼くなり揚げるなりして賞味してみるのも悪くはないだろう。

にある三本の骨）、鯛石（耳石に相当する骨）、大龍（頭骨の一部）、小龍（尾骨の下部の骨）、鯛中鯛（胸ビレの骨）、鍬形（第一神経棘）、竹馬（馬の頭に似た骨）、鳴門骨（尻ビレ近くの血管棘）、鯛の福玉（タイノエ）。

# マッソスポラ菌

## 空飛ぶ死のソルトシェーカー

*Massospora cicadina*

みんなでいっしょに一七回の冬を数えて
みんなでいっしょに陽の下へと出て
みんなでいっしょに契る
おお！　なんとすてきな仲間

| 学　名 | *Massospora cicadina* |
|---|---|
| 日本語名 | マッソスポラ菌 |
| 分　類 | 接合菌類 |
| 大きさ | 不明 |
| 宿　主 | 周期ゼミ |
| 分　布 | 北アメリカ |

朝早くから日が暮れるまで、大合唱が延々と続いている。森の中は見渡すかぎり、おびただしい数のセミに埋め尽くされていた。すべての木に草にセミがとりつき、また、もともと飛ぶ力があまりないのか、林床までも不時着したセミたちで埋め尽くされている。鳥が、キツネが、リスが、ネズミが、川の魚が……森中のあらゆる動物たちがセミをいともたやすく捕まえて食べる。欲張ってひたすら口に詰め込み、苦しくなって動きが止まっているものまでいる。

✷**あらゆる動物たち**
セミを食べるのは動物だけではない。昆虫食の文化がだが、セミの集団にとって、動物たちに食べられた仲間の数などたかが知れていた。

一七年にもおよぶ長い長い地下での生活を終え、地上に出たセミたちに残された時間はわずか数週間ほど。その間に、なんとしても子孫を残さなければならぬ。それだけが、セミたちの関心事だった。

雄は意気盛んに鳴き、雌は羽を振ってそれに応える。あちこちで、交尾が行われている。

そのなかに、石膏のような腹を持った異質なセミがいた――。

北アメリカには、「周期ゼミ」と呼ばれる特定の周期で大発生し、集団生活を送るセミのグループが生息している。体長は三センチほど。日本のツクツクボウシと同じくらいの大きさで、真っ黒な体に赤い眼、透き通った羽をもったセミだ。

幼虫が長い年月を地中で過ごすことで知られており、一三年サイクルのものが四種、一七年サイクルのものが三種いる。その年数にちなんで「素数ゼミ」とも呼ばれる。

一三年または一七年に一度しか現れないといっても、複数の種とグ

ほとんどなかったアメリカで、この周期ゼミの大発生をきっかけに、昆虫食を広めようとする動きがあるという。

**✺周期ゼミ**
主にアメリカ中東部と東海岸に生息し、その集団ごとに「Brood ○」(○にはローマ数字が入る) と名づけられている。ちなみにペンシルベニア州などに生息する「Brood X」と呼ばれる集団が二〇二一年に発生。

**✺ツクツクボウシ**
体長三センチ前後の中形のセミ。雄はその名前の由来

ループがあり、地域ごとにそのどれかがさほど間隔をおかず出現している。

尋常ではないのがその数である。

多い年では、ワンシーズンに数十億から数兆ともいわれる大量の個体が一斉に羽化してくるのだ。おびただしい数のセミの大合唱は、車のクラクションを鳴らし続けたときの騒音と同等のものとなる。

周期的に大発生するのは、捕食者が食べきれないほど大量に地上に現れることで、種としての生き残りを図っているからだといわれている。あまりに数が多いものだから捕食者はすぐに満腹になり、結果、大部分のセミは生き残って十分に子孫を残せるのだ。

また、発生周期が素数である理由については現在、解明されておらず、さまざまな仮説が存在している。そのひとつが、二年や三年といった数年周期で発生する天敵との鉢合わせを避けるため、というものだ。

たとえば、一二年周期で出現するセミがいて、そのセミの天敵の発生周期が三年だったと仮定しよう。もし天敵がセミに発生周期を合わせてきたら、セミは発生する一二年毎に、常に天敵と顔を合わせる羽

ともなった独特のリズミカルな声で鳴く。

**✺素数**
一と自分自身以外に約数をもたない自然数のうち、一でないもののこと。

**✺さまざまな仮説**
近年、科学者の間では素数とは別の見方が主流となりつつある。たとえば、幼虫は自らの成長具合によって四年ごとに羽化するか否かを判定しており、ある成長点を超えた翌年に一斉に羽化しているという説もそのひとつ。

目になる。

しかし、これが一三年周期なら三九年ごと、一七年周期なら五一年ごとにしか同時発生は起こらない。

氷河期を生き延びた周期ゼミの祖先は、その生涯の大部分を地中で過ごすようになっていったと推測されている。そのなかで、一三年周期と一七年周期のグループが、特別、ほかの周期との最小公倍数が大きくなり、それだけ天敵と遭遇する機会を減らせたというわけである。


もしこの仮説が正しいとすれば、周期ゼミは時間を使った類いまれなる戦略でもって、並の捕食者たちを振り切り、これまでの生存競争を勝ち抜いてきたことになる。

しかし、周期ゼミが長い時間をかけて編み出したこの時間戦略も完璧ではなかった。彼らのライフサイクルに適応し、彼らを専門に餌とする者が現実には存在する。

周期ゼミの唯一の天敵、それが、マッソスポラ菌である。

マッソスポラ菌は、ハエカビ目ハエカビ科に属し、昆虫に流行病を引き起こす昆虫疫病菌類である。

周期ゼミに寄生するものをはじめとして、現在までに世界で十数種が報告されている。

日本でも一九四六年に東京都の石神井公園でニイニイゼミから、一九九七年に小笠原諸島母島でオガサワラゼミから、マッソスポラ菌が見つかっている。

その一種、*Massospora cicadina* の最初の感染は、周期ゼミが長い地中生活を終え、いよいよ地上に出ようと上に向かって土を掘っているそのときに起きる。地表付近で眠っていた菌の胞子が、地上に出る直前のセミの体にとりつくのだ。そして、セミの臓器を栄養源としながら、体内でジワジワと増殖し、腹部で胞子をつくる。

胞子はやがて塊となり、最終的にセミの腹部は朽ち落ちて、胞子の塊と置き換わってしまう。

菌に冒されて体の多くの部分が失われているにもかかわらず、セミはそれでも生きていて、普段どおりに飛び回ったり、生殖器がなくなっているのにほかのセミと交尾をしようとしたりする。もちろん、交尾に応じた相手のセミにはマッソスポラ菌が感染する。

このとき、菌に感染している雄のセミは、どうしたわけだか雌のセミのように羽を動かしてほかの雄を交尾に誘うことがあるという。

こうして、空中や地表にその胞子がばらまかれ、雌雄を問わずセミ同士の接触によって、まるで性病のように感染が起こり、周期ゼミの集団に菌が広がっていく。

科学者のなかには、腹部を失った状態で菌の胞子を振りまくセミを「空飛ぶ死のソルトシェーカー」と呼ぶ者もいる。

マッソスポラ菌は一八五〇年にはすでに見つかっており、科学者が初めて論文に記載したのは一八七九年であるが、いまだに解明されていないことが多い。

というのも、宿主のライフサイクルが一三年または一七年と長いため、研究がとてもむずかしいのだ。

菌に感染した雄がなぜ雌のように振る舞うのか。おそらく、雄のセミは菌がつくるなんらかの物質で内分泌系や神経系を操作され、菌がほかのセミに感染する機会を増やしているのだろう。マッソスポラ菌からは、幻覚作用のある成分が複数検出されたという報告もあり、これが宿主になんらかの影響を与えている可能性もあるが、詳しいことはよくわかっていない。

マッソスポラ菌は、周期ゼミが発生する初期には「分生子」というセミの間で直接感染を起こす無性胞子をつくり、後期になると地中で一年から一七年まで耐久して宿主を待ち構える「休眠胞子」をつくるとされている。菌が、どのようなメカニズムで胞子の種類を切り替えているのか。休眠胞子はどうやってセミに感染しているのか。セミが幼虫のとき胞子はどうしているのか——詳しいことは何もわからない。

マッソスポラ菌——それは、多くの天敵との生存競争に打ち勝ってきた周期ゼミの上手を行く、おそろしく謎多き菌なのである。

**✹分生子**
菌類の菌糸の一部が伸び、その先がくびれてできる無性的な胞子。分生胞子ともいう。

**✹休眠胞子**
一定の休眠期間を経て発芽する胞子で、多くは細胞膜が厚く、環境の変化に耐えられるような構造をもつ。

# 海の吸血鬼
# カイヤドリウミグモ

*Nymphonella tapetis*

空が白み、海からの風が吹いて
乳白色の潮が上がってくる。
たくさんの命が死に
たくさんの命が生まれる匂いだ。

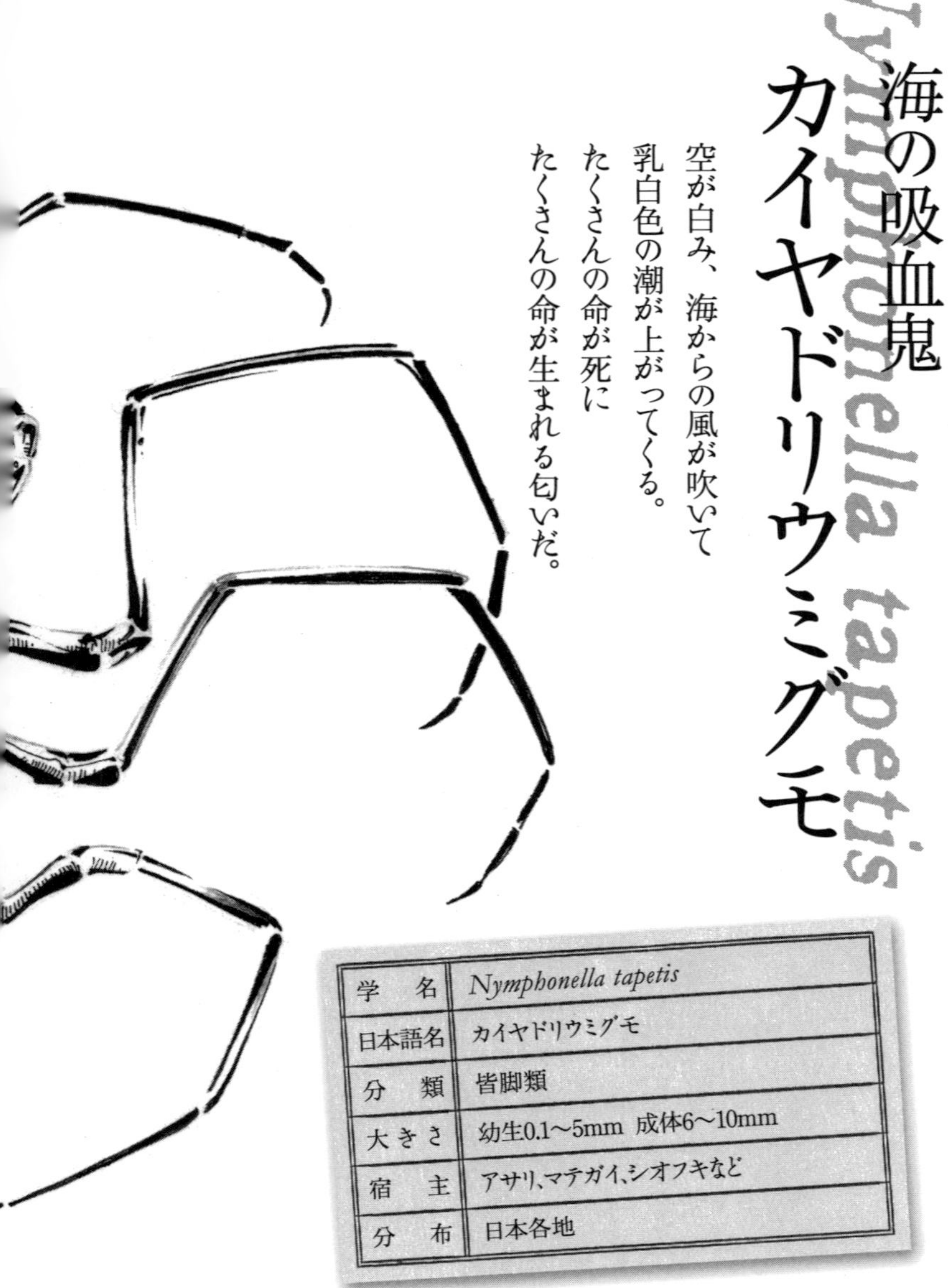

| 学　　名 | *Nymphonella tapetis* |
|---|---|
| 日本語名 | カイヤドリウミグモ |
| 分　　類 | 皆脚類 |
| 大きさ | 幼生0.1〜5mm　成体6〜10mm |
| 宿　　主 | アサリ、マテガイ、シオフキなど |
| 分　　布 | 日本各地 |

「日本で最もポピュラーな二枚貝は?」

そう問われれば、多くの人はさほど悩むことなく「アサリ」と答えるだろう。

アサリは日本の沿岸で普通にみられる二枚貝だ。日本、ロシアの沿

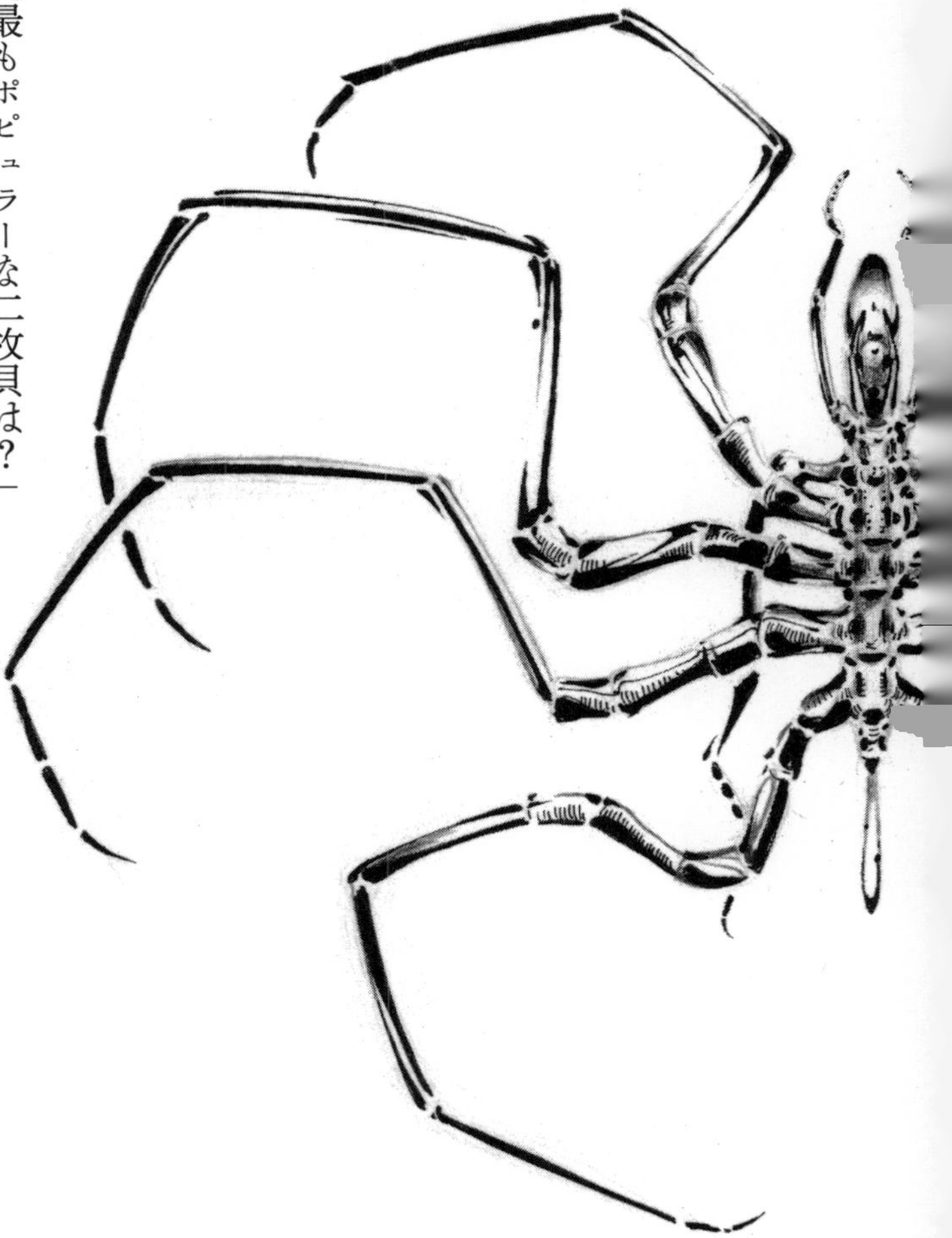

海地方、サハリンから東シナ海、フィリピンにかけて分布し、内湾の干潟から水深一〇メートルくらいの砂泥中に多く生息している。大げさな漁具を使わなくても海辺で手軽に獲れるので、「潮干狩り」に興じたことのある人も多いはずだ。

栄養価が高く、食べてみればうま味に富み、そこそこ食べごたえもあり、酒蒸しにしてよし、味噌汁の具にしてもよし、ご飯に炊きこんでもよければ、ヴォンゴレやクラムチャウダーの具にしてもいい。古くから日本人の食卓に馴染みが深く、どれくらい古くからかといえば、縄文時代の貝塚からも出土しているほどだ。

アサリを好んで食べるのは、なにも人間にかぎった話ではない。

ナルトビエイは海底のアサリを貪り食い、ツメタガイはヤスリのような舌と酸を使ってアサリの硬い貝殻を穿って中身を食べ、キセワタガイは主にアサリの稚貝を狙い、ほかにもイシガニやガザミ、クルマエビ、シャコなど、さまざまな生き物がアサリを好物としている。

そして、そのなかには、アサリの体液を好んで啜る「海の吸血鬼」もいるのだ。

✸**ナルトビエイ**
最近日本近海で増えているトビエイ科のエイ。

✸**ツメタガイ**
タマガイ科の巻貝。

✸**キセワタガイ**
キセワタガイ科の巻貝。

✸**ガザミ**
一般にワタリガニとよばれるカニ。

海の吸血鬼は、その名をカイヤドリウミグモという。

乳白色の体は、頭部、四つの節のある胸部、萎縮した腹部からなり、胸部の各節から一対、計八本の細長い脚が生えている。

名前に「クモ」と入っていて、見た目も陸に生息するクモ類に似てなくもないが、糸は使わないし毒針も携えていない。分類学的にはクモ類とまったく異なる海の節足動物だ。小さな胴体に対して脚がやたらと長く、皆脚類（かいきゃく）という分類群に属する。


卵から産まれたカイヤドリウミグモは、幼生の時期をアサリのほかマテガイ、シオフキなどの二枚貝に寄生して過ごす。

ブラム・ストーカーの創作した吸血鬼なら、家人に招かれなければその家には入ることができない。しかし、この海の吸血鬼の幼生は体長が〇・二ミリほどなので、家人の許可など必要とせず貝殻の中になんなく侵入できる。

アサリの貝殻の中に侵入した幼生は、発達した吻（ふん）で宿主の体液を吸りながら成長する。やがて一センチほどの成体に育つと貝殻から這い出て海底の砂地で過ごすようになるが、なかには成体になった後も貝

**✷皆脚類**
海産の節足動物の一綱で、ウミグモ類とも呼ばれる。浅瀬から深海まで幅広く分布し、世界に約一〇〇〇種、そのうち日本では約一五〇種が確認されている。

**✷ブラム・ストーカー**
アイルランド人の作家。怪奇小説の古典『吸血鬼ドラキュラ』の著者として知られる。

**✷吻**
生物の口やその周辺から突出する管状構造のこと。体液を吸うなど摂食行動に根ざした形状を備えるほか、付着や穿孔といった別の働きを持つ場合もある。

の中に居座り続けるものもいる。

この寄生虫は加減を知らず、多いときには一匹のアサリに大小さまざま数十匹のカイヤドリウミグモが群れてとりつく。

そうなると、アサリは大量の栄養を奪われるだけでなく、吻を突き刺された体のあちこちが壊死(えし)を起こし、また、水管からえらまでの水流をウミグモの体に遮(さえぎ)られることで、呼吸がままならなくなって酸欠になり、衰弱して死に至る。

とりついたウミグモの数が少なく、なんとか生き延びても、傷つき痩せたアサリは砂にもぐることができなくなるため、ほかの天敵に見つかりやすくなり、結局、捕食されるものもいるだろう。

カイヤドリウミグモは、北海道から九州まで広く日本各地に分布しているが、これまでは散発的に少数の個体が見つかるだけだった。

ところが、二〇〇七年四月、千葉県木更津市の盤洲(ばんず)干潟でカイヤドリウミグモが寄生したアサリが発見されると、その後、ウミグモはこの海域を急速に汚染し、わずか数か月で全域に拡大。過去に類をみないアサリの大量斃死(へいし)を起こした。

このウミグモの大発生以降、木更津でのアサリの漁獲量は以前の一〇分の一程度にまで激減した。アサリはこの海域の代表的な漁業対象種の一つである。採貝業で生計を営んでいた漁師たちは天を仰いだ。

本来、まれにしか見つからないはずのこの寄生虫が、なぜここまでの突発的な大発生を起こしたのか。

海域にウミグモを食べる天敵がいなくなったのか？　漁場に放流されたアサリの中にウミグモを宿したものがいたのか？　なんらかの環境要因があるのか？

多くの謎を孕んだまま、今もこの海域は吸血鬼たちに汚染されている。

その後、愛知県の三河湾や福島県の松川浦でもウミグモは突然、大発生し、これらの漁場に生息するアサリを死に追いやっている。

その海域に生息するすべての宿主から体液を吸い尽くせば、吸血鬼たちも飢えてやがてはいなくなるだろう。しかし、それを座して待つわけにはいかない。それでは多くの漁業者が廃業しなければならなくなる。

**✷多くの謎**
盤洲干潟周辺では近年カワウが大発生しており、これがウミグモを餌とするハゼ等の小魚を大量に捕食していることも原因として疑われている。

早く、この吸血鬼にとっての「十字架」や「ニンニク」を見つけ出さなければ——科学者たちは、ウミグモの基礎研究と防除対策を急いでいる。

ウミグモの寄生時期を避けてアサリを放流する、網状の鎖で海底面を掃いてウミグモの成体を殺傷する、ウミグモの天敵であるマコガレイを放流する、海底のウミグモを避けて海中に吊るしたカゴでアサリを養殖する等々、さまざまな試みが行われているが、これまでのところどれもよい成果をあげられていない。その生態についてもいまだわからないことだらけだ。

現在では、駆除については一旦保留し、これ以上ほかの海域にウミグモに汚染されないようにするための侵入防止策が検討されている。

その痩せたアサリはもはや砂にもぐるだけの力もなく、絶え絶えの息で砂上に身をさらしている。

近くをとおりかかったヒトデが、無防備なアサリを目ざとく見つけておおいかぶさる。ほどなくしてアサリは、為す術なく貝殻をこじ開けられ、その軟体をヒトデについばまれるだろう。

✹**ウミグモの寄生時期**
盤洲干潟では夏と秋に寄生のピークが見出されている。

傍(かたわ)らでは、別のアサリがすでに息絶え、半開きになった貝殻は、まもなく隙間から腐臭を放とうとしている。

見渡せば、あたりいちめんに、瀕死のアサリが、そしてすでに息絶えたアサリが、散在していた。

たった今絶命したアサリの殻の中で、乳白色の吸血鬼の群れが蠢(うごめ)いている——。

## ◉〝永遠の愛〟の象徴

チョウのような見た目をしているフタゴムシ。単生類と呼ばれる扁形動物の仲間で、コイ科魚類のえらに寄生して血を啜る寄生虫だ。

実はチョウのような姿は、二匹の虫が交差して合体融合したものである。卵からふ化したときは一匹の単生類で、オンコミラシジウム幼生という。オンコミラシジウム幼生は備えた繊毛で水中を泳いで宿主にたどりつき、そのえらに寄生してディポルパという幼虫になる。そして、二匹のディポルパが接触すると、腹吸盤で相手の背にある突起を把握してそのまま融合してしまうのだ。融合したフタゴムシは消化管や生殖器などが互いに繋がった状態になり、お互いの精子を使って受精をし、産卵する。

フタゴムシは雌雄同体で、本来ならば一匹でも卵を産めるはずなのだが、合体相手を見つけられなかったディポルパは一匹のままで成長できずに死んでしまう。ちなみに、合体した二匹を無理やり別れさせて一匹にしても融合している内臓が損傷して死んでしまう。

二匹の寄生虫がコイ（恋）のえらの上で生涯添い遂げる――そんなフタゴムシは「永遠の愛」の象徴でもある。そして、そのフタゴムシをロゴマークとして掲げる寄生虫に特化した研究博物館・目黒寄生虫館は、多くのカップルが訪れる人気のデートスポットにもなっている。

公益財団法人　目黒寄生虫館　Meguro Parasitological Museum
〒153-0064 東京都目黒区下目黒 4-1-1
開館時間：午前 10 時～午後 5 時
休館日：毎週月曜日・火曜日／年末年始
（月曜日・火曜日が祝日の場合は開館し、直近の平日に休館）
入館料：無料
公式サイト：https://www.kiseichu.org/

## ◉ 参考文献

### 書籍


◎ 巌佐庸 , 倉谷滋 , 斎藤成也 , 塚谷裕一編 . (2013).『岩波 生物学辞典』. 第 5 版 . 岩波書店 .

◎ 大谷智通著 , 佐藤大介絵 , 目黒寄生虫館監修 . (2018).『増補版 寄生蟲図鑑：ふしぎな世界の住人たち』. 講談社 .

◎ 大谷智通著 , ひらのあすみ絵 . (2018).『えげつないいきもの図鑑：恐ろしくもおもしろい寄生生物 60』. ナツメ社 .

◎ マコーリフ , キャスリン著 , 西田美緒子訳 . (2017) .『心を操る寄生生物：感情から文化･社会まで』. インターシフト .

◎ 小林照幸 . (1998).『死の貝』. 文藝春秋 .

◎ 嶋田義仁 . (1995).『牧畜イスラーム国家の人類学：サヴァンナの富と権力と救済』. 世界思想社 .

◎ 高須賀圭三 . (2015).『クモを利用する策士、クモヒメバチ：身近で起こる本当のエイリアンとプレデターの闘い』. 東海大学出版部 .

◎ タッカー, アビゲイル著, 西田美緒子訳. (2018).『猫はこうして地球を征服した：人の脳からインターネット、生態系まで』. インターシフト .

◎ 長澤和也編著 . (2004).『フィールドの寄生虫学：水族寄生虫学の最前線』. 東海大学出版会 .

◎ 永宗喜三郎 , 島野智之 , 矢吹彬憲編 . (2018).『アメーバのはなし：原生生物・人・感染症』. 朝倉書店 .

◎ 永宗喜三郎 , 脇司 , 常盤俊大 , 島野智之編 . (2020).『寄生虫のはなし：この素晴らしき , 虫だらけの世界』. 朝倉書店 .

◎ 成田聡子 . (2017).『したたかな寄生 脳と体を乗っ取り巧みに操る生物たち』. 幻冬舎 .

◎ 日本水産学会編 . (1974).『魚類とアニサキス』. 恒星社厚生閣 .

◎ 長谷川英男著 , 小川和夫監修 . (2016).『絵でわかる寄生虫の世界』. 講談社 .

◎ 畑井喜司雄 , 小川和夫監修 . (2006).『新魚病図鑑』. 緑書房 .

◎ 馬場錬成 . (2012) .『大村智：２億人を病魔から守った化学者』. 中央公論社 .

◎ 濱田篤郎監修 . (2014).『寄生虫ビジュアル図鑑：危険度・症状で知る人に寄生する生物』. 誠文堂新光社 .

◎ 東正剛 , 緒方一夫 , ポーター ,S.D. . (2008).『ヒアリの生物学：行動生態と分子基盤』. 海游舎 .

◎ 前藤薫 . (2020).『寄生バチと狩りバチの不思議な世界』. 一色出版 .

◎ 目黒寄生虫館 + 研究有志一同 . (2009).『寄生虫のふしぎ：脳にも？意外に身近なパラサイト』. 技術評論社 .

◎ 山内和也 , 北潔 . (2008).『< 眠り病 > は眠らない：日本発！アフリカを救う新薬』. 岩波書店 .

◎ 吉田幸雄 , 有薗直樹 . (2016).『図説人体寄生虫学』. 改訂 9 版 . 南山堂 .

◎ 脇司 . (2020).『カタツムリ・ナメクジの愛し方：日本の陸貝図鑑』. ベレ出版 .

◎ 横山博ほか . (2019).『部位別でみつかる水産食品の寄生虫・異物検索図鑑』. 緑書房 .

◎ 西村謙一 . (1991).『頭にくる虫のはなし：ヒトの脳を冒す寄生虫がいる』. 技報堂出版 .

◎ メネギーニ , ジョヴァンニ･バッティスタ著 , 南條年章訳 . (1984).『わが妻マリア･カラス』. 下 . 音楽之友社 .


### 雑誌


◎『Clinical Neuroscience: 月刊　臨床神経科学』. (2020). vol.38, no.10. 中外医学社 .

◎『日本における寄生虫学の研究』. (1961–1999). 目黒寄生虫館 .

◎『むしはむしでもはらのむし通信』. (2000–2020). 目黒寄生虫館 .

◎『目黒寄生虫館月報』. (1959–1966). 目黒寄生虫館 .

◎『目黒寄生虫館ニュース』. (1967–1998). 目黒寄生虫館 .


### 論文


◎ Berdoy M, Webster JP and Macdonald DW. (2000).
Fatal attraction in rats infected with *Toxoplasma gondii*. Proceedings of the Royal Society B: Biological Sciences 267 (1452): 1591–1594.

◎ Blaustein AR and Johnson PTJ. (2003).
Explaining Frog Deformities. Scientific American 288(2): 60–65.

◎ Boyce GR, Gluck-Thaler E, Slot JC et al. (2019).
Psychoactive plant- and mushroom-associated alkaloids from two behavior modifying cicada pathogens. Fungal Ecology 41: 147–164.

◎ Carney WP. (1969).

Behavioral and morphological changes in carpenter ants harboring dicrocoeliid metacercariae. The American Midland Naturalist 82: 605–611.

◎ Cooley JR, Marshall DC and Hill KBR. (2018).
A specialized fungal parasite (*Massospora cicadina*) hijacks the sexual signals of periodical cicadas (Hemiptera: Cicadidae: *Magicicada*). Scientific Reports 8: 1432.

◎ Davis DS, Stewart SL, Manica A, Majerus MEN. (2006).
Adaptive preferential selection of female coccinellid hosts by the parasitoid wasp *Dinocampus coccinellae* (Hymenoptera: Braconidae). European Journal of Entomology 103: 41–45.

◎ Del Pozo MD, Audicana M, Diez JM et al. (1997).
*Anisakis simplex*, a relevant etiologic factor in acute urticaria. Allergy: European Journal of Allergy and Clinical Immunology 52 (5): 576–579.

◎ Dheilly NM, Maure F, Ravallec M et al. (2015).
Who is the puppet master? Replication of a parasitic wasp-associated virus correlates with host behaviour manipulation. Proceedings of the Royal Society B: Biological Sciences 282 (1803): 20142773.

◎ Duke L, Steinkraus DC, English JE, Smith KG. (2002).
Infectivity of resting spores of *Massospora cicadina* (Entomophthorales: Entomophthoraceae), an entomopathogenic fungus of periodical cicadas (*Magicicada* spp.) (Homoptera: Cicadidae). Journal of Invertebrate Pathology 80 (1): 1–6.

◎ Gal R and Libersat F. (2010).
A wasp manipulates neuronal activity in the sub-esophageal ganglion to decrease the drive for walking in its cockroach prey. PLoS One 5 (4): e10019.

◎ Johnson PTJ, Lunde KB, Ritchie EG and Launer AE. (1999).
The effect of trematode infection on amphibian limb development and survivorship. Science 284 (5415): 802–804.

◎ Johnson PTJ, Lunde KB, Zelmer DA and Werner JK. (2003).
Limb deformities as an emerging parasitic disease in amphibians: evidence from museum specimens and resurvey data. Conservation Biology 17 (6): 1724–1737.

◎ Kamiya M. (2007).
Collaborative control initiatives targeting zoonotic agents of alveolar echinococcosis in the northern hemisphere. Journal of Veterinary Science 8 (4): 313–321.

◎ Lai Y. (2019).
Beyond the epistaxis: voluntary nasal leech (*Dinobdella ferox*) infestation revealed the leech behaviours and the host symptoms through the parasitic period. Parasitology 146 (11): 1477–1485.

◎ Mangold CA, Ishler MJ, Loreto RG et al. (2019).
Zombie ant death grip due to hypercontracted mandibular muscles. Journal of Experimental Biology 222 (14): jeb200683.

◎ Marciano-Cabral F, Cabral GA. (2007).
The immune response to *Naegleria fowleri* amebae and pathogenesis of infection. FEMS Immunology and Medical Microbiology 51 (2): 243–259.

◎ Martín-Vega D, Garbout A, Ahmed F et al. (2018).
3D virtual histology at the host/parasite interface: visualisation of the master manipulator, *Dicrocoelium dendriticum*, in the brain of its ant host. Scientific Reports 8: 8587.

◎ Maure F, Brodeur J, Ponlet N et al. (2011).
The cost of a bodyguard. Biology Letters 7: 843–846.

◎ Nakao M, Lavikainenb A, Yanagida T, Ito A. (2013).
Phylogenetic systematics of the genus *Echinococcus* (Cestoda: Taeniidae). International Journal for Parasitology 43: 1017–1029.

◎ Nakao M, Sasaki M, Waki T et al. (2019).
Distribution records of three species of *Leucochloridium* (Trematoda: Leucochloridiidae) in Japan, with comments on their microtaxonomy and ecology. Parasitology International 72: 101936.

◎ Nonaka N, Kamiya M, Kobayashi F et al. (2009).
*Echinococcus multilocularis* infection in pet dogs in Japan. Vector-Borne and Zoonotic Diseases 9 (2): 201–206.

◎ Obayashi N, Iwatani Y, Sakura M et al. (2021).
Enhanced polarotaxis can explain water-entry behaviour of mantids infected with nematomorph parasites. Current Biology 31 (12): R777–R778.

◎ Ogawa K and Matsuzaki K. (1985).
Discovery of bivalve-infesting pycnogonida, *Nymphonella tapetis*, in a new host, Hiatella orientalis. Zoological Science 2 (4): 583–589.
◎ Ohtani T, Kawamoto I, Chiba M et al. (2021).
*Ceratothoa verrucosa* (Isopoda: Cymothoidae) infection in the buccal cavity of red seabream caught in Iyo-Nada, Western Japan, with some notes on its co-infection with *Choricotyle elongata* (Monogenea: Diclidophoridae). Fish Pathology 56 (2): 43–52.
◎ Porter SD. (1998).
Biology and behavior of *Pseudacteon* decapitating flies (Diptera: Phoridae) that parasitize *Solenopsis* fire ants (Hymenoptera: Formicidae). Florida Entomologist 81 (3): 292–309.
◎ Takasuka K, Yasui T, Ishigami T et al. (2015).
Host manipulation by an ichneumonid spider ectoparasitoid that takes advantage of preprogrammed web-building behaviour for its cocoon protection. Journal of Experimental Biology 218 (15): 2326–2332.
◎ Visvesvara GS. (2010).
Free-living amebae as opportunistic agents of human desease. Journal of Neuroparasitology 1: N100802.

◎ 池田透 . (1999).
「北海道における移入アライグマ問題の経過と課題」. 北海道大学文学部紀要 47 (4): 149–175.
◎ 国立感染症研究所 . (2002)
「アライグマ回虫による脳炎、2000 年－米国・シカゴ、ロサンゼルス」. 病原微生物検出情報 23 (4): 97–98.
◎ 杉山広 . (2016).
「食中毒としての食品媒介寄生虫症：現状と検査の課題」. 日本食品微生物学会雑誌 33 (3): 134–137.
◎ 多留聖典 , 中山聖子 , 高崎隆志 , 駒井智幸 . (2007).
「カイヤドリウミグモ *Nymphonella tapetis* の東京湾盤洲干潟における二枚貝類への寄生状況について」. うみうし通信 56: 4–5.
◎ 張成年 , 丹羽健太郎 , 岡本俊治他 . (2012) .
「カイヤドリウミグモ *Nymphonella tapetis* 地域集団の遺伝的分化と分類学的位置」. 日本水産学会誌 78 (5): 895–902.
◎ 鳥羽光晴 , 小林豊 , 石井亮他 . (2019).
「カイヤドリウミグモによる漁業被害とその対策」. 生物科学 70 (2): 78–88.
◎ 真喜屋清 , 塚本増久 , 堀尾政博 , 黒田嘉紀 . (1988).
「ハナビル *Dinobdella ferox* の鼻腔内寄生の 1 症例」. Journal of UOEH 10 (2): 203–209.
◎ 宮下実 . (1993).
「アライグマ蛔虫 *Baylisascaris procyonis* の幼虫移行症に関する研究」. 生活衛生 37 (3): 137–151.
◎ 望月淳 . (2013).
「海外における導入天敵のリスク評価」. 植物防疫 67 (6): 8–11.

WEB サイト

- アメリカ疾病予防管理センター（CDC）https://www.cdc.gov/
- D-PAF 水産食品の寄生虫検索データベース　http://fishparasite.fs.a.u-tokyo.ac.jp/
- FORTH　https://www.forth.go.jp/index.html
- MSD マニュアル　https://www.msdmanuals.com/ja-jp/
- 国立感染症研究所（NIID）　https://www.niid.go.jp/niid/ja/
- 世界保健機関（WHO）　https://www.who.int/

※ ほかにも多数の論文・書籍・WEB サイトを参考にした。

**大谷智通**［おおたにともみち］

サイエンスライター、編集者。東京大学農学部卒業後、同大学院農学生命科学研究科水圏生物科学専攻修士課程修了。大学では魚病学研究室に所属し、魚介類の寄生虫の研究を行う。出版社勤務を経て独立。主な著書に『増補版　寄生蟲図鑑　ふしぎな世界の住人たち』（講談社）、『えげつないいきもの図鑑　恐ろしくもおもしろい寄生生物60』（ナツメ社）など。

**猫将軍**［ねこしょうぐん］

イラストやキャラクターデザインを得意とするアーティスト。和歌山県在住。ゲームのコンセプトイメージやジャケットイラストなど、数多くのアートワークを手掛ける。昆虫、動物、女性、宝石、肉、スイーツといったモチーフを得意とする。画集に『猫将軍画集』（2021年・玄光社）『ILLUSTRATION MAKING & VISUAL BOOK 猫将軍』（2014年・翔泳社）がある。

眠れなくなるほどキモい生き物
二〇二一年八月三一日　第一刷発行

著者　大谷智通
絵　猫将軍
発行者　岩瀬朗
発行所　株式会社 集英社インターナショナル
〒一〇一-〇〇六四
東京都千代田区神田猿楽町一-五-一八
電話 〇三-五二一一-二六三二
発売所　株式会社 集英社
〒一〇一-八〇五〇
東京都千代田区一ツ橋二-五-一〇
電話 〇三-三二三〇-六〇八〇（読者係）
〇三-三二三〇-六三九三（販売部）書店専用
印刷所　凸版印刷株式会社
製本所　ナショナル製本協同組合


ISBN978-4-7976-7397-5 C0095